ÍNDEX

W0365102

COM ÉS EL MATERIAL?

El llibre

Concebut per treballar-lo amb diferents tipus d'agrupament. El llibre de l'alumne es divideix en nou unitats repartides en tres trimestres. Cada unitat té la mateixa estructura didàctica. Al final de cada trimestre es proposa un projecte trimestral.

Pàgines inicials

Continguts

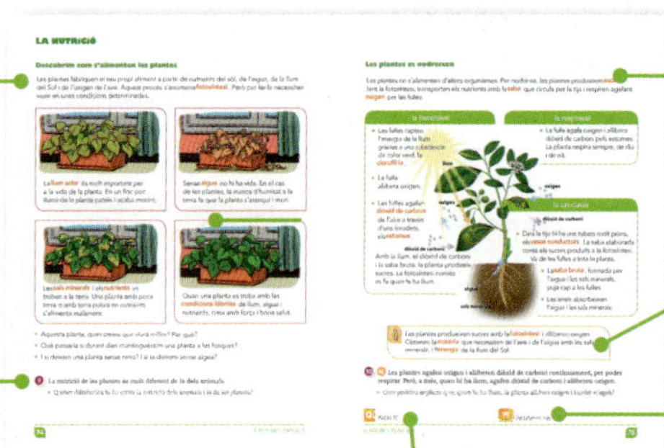

Seccions

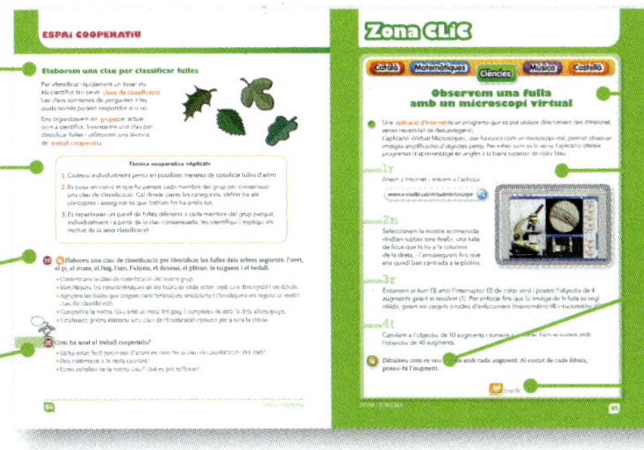

Pàgines finals

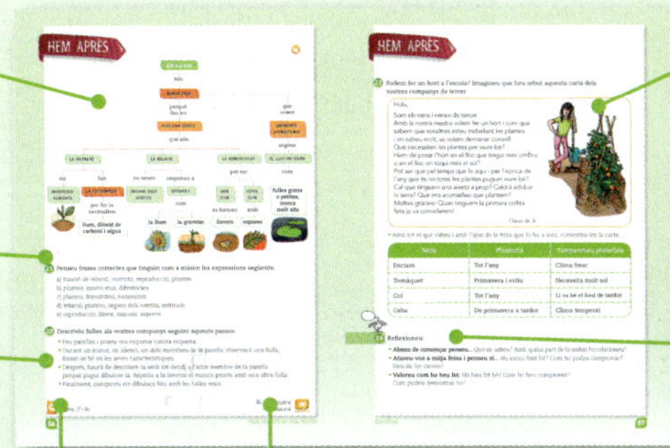

Projecte trimestral

El quadern Supercompetents...

Pensat per treballar-lo de manera individual i simultàniament amb el llibre de l'alumne. Entre altres, s'hi proposen activitats competencials que permeten a l'alumne integrar els coneixements adquirits i aplicar-los a situacions de la vida real. En el llibre s'indica el moment idoni per fer les activitats del quadern.

El web construim.cruilladigital.cat

Web amb recursos digitals per a l'alumne. Hi pot trobar, entre altres coses, aplicatius per treballar els mapes conceptuals del llibre, activitats d'autoavaluació i enllaços web per saber-ne més. En el llibre s'indica també el moment adequat per a dur a terme aquestes activitats.

1 L'ATMOSFERA

La capa gasosa que envolta la Terra

Viatge virtual

PENSEM i PARLEM

1 Els núvols es mouen al cel. I de vegades adopten formes ben estranyes, com en la fotografia de la pàgina anterior.

- Per què creieu que passa això? Què penseu que els empeny? Ho podeu veure?
- Intervé aquest element en les imatges següents? I de quina manera actua en cada cas?
- Doneu algun altre exemple on es pugui tenir una evidència que aquest element existeix.

2 Els primers exploradors de l'atmosfera temien elevar-se en globus d'aire calent. Pensaven que les condicions serien diferents a mesura que augmentava l'altura.

- Què penseu que canvia a l'enlairar-se a grans altures?
- Algú de vosaltres ha pujat alguna vegada a un globus aerostàtic o coneix algú que ho hagi fet? Quina sensació penseu que es té quan es vola en globus?

ORGANITZEM EL QUE SABEM

3 Aquestes fotografies pertanyen a la superfície de la Terra i de la Lluna. Fixeu-vos com la Lluna té cràters causats per impactes de meteorits. En canvi la Terra no en té.

- Com creieu que s'explica aquesta diferència?
- Quines altres diferències provoca el fet que la Lluna no tingui atmosfera?

La Terra vista des d'un satèl·lit.

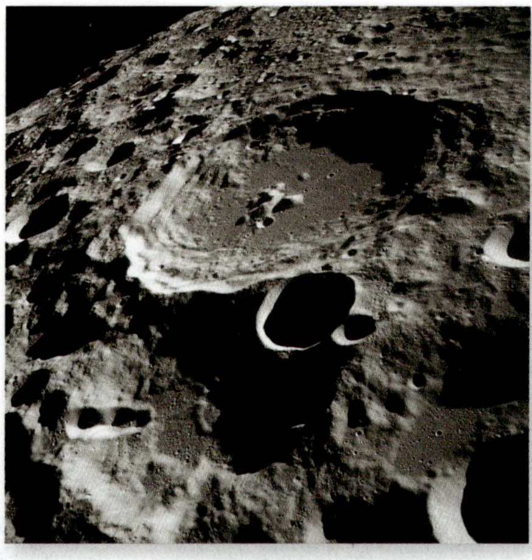
La Lluna plena de cràters.

4 Treballeu les paraules clau de la unitat que apareixen a la il·lustració seguint els passos indicats a sota.

1. Classifiqueu les paraules en conegudes i desconegudes.
2. Després poseu la classificació en comú amb la resta de companys.
3. Inventeu frases amb les paraules que ja coneixeu.
4. Feu quadrants de vocabulari per a cada paraula que no conegueu.

4. Trobareu el model de quadrant de vocabulari a la guia didàctica.

5 Analitzeu el mapa conceptual següent i completeu-lo amb els vostres coneixements.

L'ATMOSFERA

és la

CAPA GASOSA QUE ENVOLTA LA TERRA

- està formada per → **AIRE**
- té diverses → **CAPES**
- s'hi produeixen els → **FENÒMENS METEOROLÒGICS**
- és adequada per als → **ÉSSERS VIUS**

6 Diem que l'atmosfera està feta d'aire, però com ho sabem si no el podem veure? Es pot separar l'aire en diferents parts? Feu un dibuix de com us imagineu l'aire.

- Al final d'aquesta unitat, torneu-vos a mirar el dibuix que heu fet i, amb tot el que haureu après, feu les correccions que calgui.

Aprendrem...

- A identificar les capes de l'atmosfera.
- A reconèixer com funciona l'atmosfera.
- Què és el temps atmosfèric i com es fan les previsions meteorològiques.
- Què és la contaminació i com es produeix.
- A escriure un informe científic.

Per poder...

- Explicar com és l'atmosfera.
- Entendre per què és adequada per als éssers vius.
- Interpretar les dades meteorològiques i aplicar les previsions a la nostra vida.
- Prendre decisions personals per reduir la contaminació.
- Fer un informe sobre el temps que fa.

L'AiRE QUE ENS ENVOLTA

Comprovem l'existència de l'aire

L'aire no es veu, no té gust ni olor, ni el podem agafar amb les mans.

Però podem comprovar la seva existència fent dos senzills experiments.

Per fer el primer, introduïu un got buit cap per avall en un recipient amb aigua. Primer submergiu-lo verticalment. I després feu la mateixa operació però amb el got lleugerament inclinat.

Quan posem el got verticalment dins el recipient amb aigua, l'aigua no entra dins del got.

Quan inclinem una mica el got, l'aigua entra dins. A la vegada surten bombolles d'aire que pugen cap a la superfície.

Per fer el segon, fiqueu un globus dins d'una ampolla de plàstic buida subjectant la boca del globus a la de l'ampolla. Llavors intenteu inflar el globus.
A continuació talleu la base de l'ampolla i torneu a intentar inflar el globus.
Quan intentem inflar el globus dins de l'ampolla sencera no podem perquè l'aire que hi ha a dins ens ho impedeix.
Quan ho intentem amb l'ampolla tallada per la base, sí podem perquè l'aire de dins pot sortir lliurement per baix.

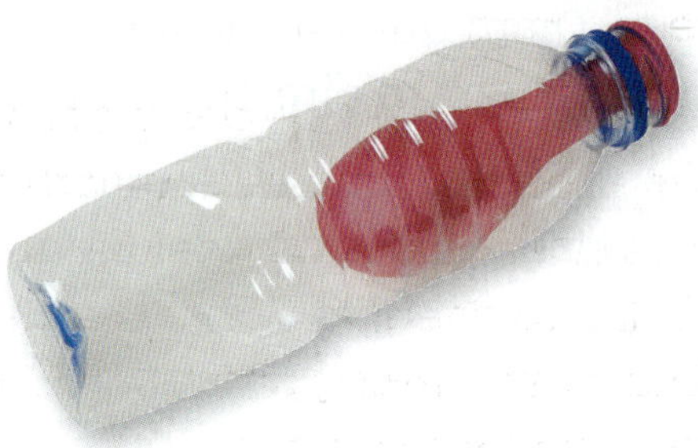

No podem inflar el globus dins l'ampolla quan està sencera.

7 Contesteu aquestes preguntes sobre el primer experiment.

- Què impedeix que l'aigua entri dins del got quan el submergiu verticalment?
- Què ha canviat quan el got es submergeix inclinat?

8 Responeu aquestes qüestions sobre el segon experiment.

- Per què creieu que no es pot inflar el globus dins de l'ampolla sencera?
- Penseu que la situació seria diferent si l'ampolla fos més gran?

L'aire que ens envolta

L'aire no es pot veure però el podem notar quan està en moviment. Per exemple quan el vent empeny els núvols, mou les fulles dels arbres o fa girar les aspes d'un molí.

Composició de l'aire arran de terra

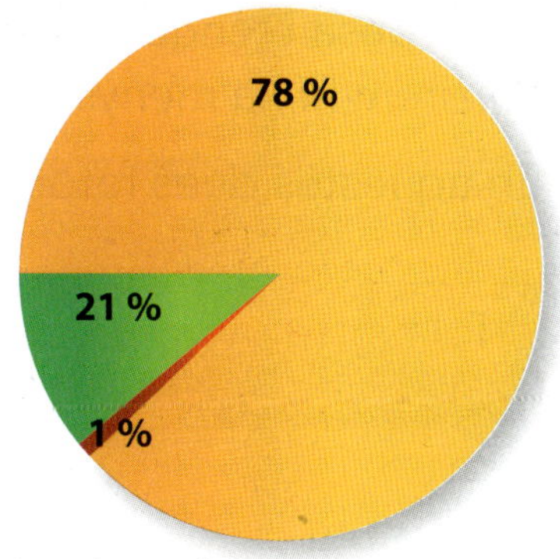

Arran de terra, l'aire atmosfèric es compon d'un 78 % de nitrogen, un 21 % d'oxigen i un 1 % d'altres gasos, com diòxid de carboni i vapor d'aigua.

La composició de l'aire

L'aire és una barreja de gasos formats per partícules tan petites que no es poden veure. Els gasos més abundants són el nitrogen (N_2) i l'oxigen (O_2). També hi ha petites quantitats de diòxid de carboni (CO_2), vapor d'aigua (H_2O) i altres gasos.

Les propietats de l'aire

Si treiem el tap d'una pilota de platja i la premem perquè en surti l'aire, podem notar com aquest surt. Quan la pilota està inflada, ocupa més espai que quan està desinflada. La diferència de volum abans i després de desinflar-la és causada per l'espai que ocupa l'aire. Podem dir doncs que l'aire té volum.

Per transportar una pilota de platja, el millor és dur-la desinflada, ja que ocupa menys espai.

Si comparem el pes de dos globus idèntics, un de desinflat i l'altre ple d'aire comprovarem que el globus inflat pesa una mica més que el que està desinflat. La diferència és el pes de l'aire del globus inflat. Llavors, podem dir que l'aire es pot pesar i, per tant, que té massa.

La balança cau pel costat del globus inflat, indicant que pesa més.

> L'aire està format per una barreja de gasos. Els més abundants són el nitrogen i l'oxigen. L'aire té volum (ocupa espai) i té massa (es pot pesar).

9 Com explicaríeu a un company que no ha pogut venir a classe que l'aire té volum i massa. Redacteu-ho.

Q Pàgina 5

W Per saber-ne més

L'ATMOSFERA

Comparem l'atmosfera en diferents llocs

L'aire pesa i tendeix a acumular-se a la part baixa de l'atmosfera. Per això, a mesura que ens enlairem hi ha menys aire.

En aquestes dues fotografies es veuen dos atletes corrent en dos llocs diferents.

Una atleta que corre a peu pla.

Un atleta que puja corrent una muntanya.

- En què es diferencien els dos paisatges?
- Creieu que als dos atletes els costarà el mateix esforç córrer en els dos llocs? Per què?

Al cim de l'Everest (8.844 m), la muntanya més alta del món, es respira molt pitjor que a nivell del mar, perquè hi ha menys quantitat d'oxigen a l'aire. Per això alguns alpinistes han de portar bombones d'aire comprimit quan estan a grans altures.

Un alpinista fa una parada per respirar oxigen.

10 Explica per què els éssers vius viuen a la capa més baixa de l'atmosfera.

Estructura i funcions de l'atmosfera

Les capes de l'atmosfera

L'atmosfera és la massa gasosa que envolta la Terra. Està formada per diverses capes. En la més pròxima a la superfície de la Terra és on es troba la major part de l'aire. La força de la gravetat de la Terra reté l'atmosfera i evita que es perdi per l'espai.

- L'exosfera és la capa menys densa. Els gasos es dispersen fins a arribar al buit de l'espai exterior. En aquesta capa es troben els satèl·lits artificials.
- A la termosfera els gasos estan a temperatures molt altes. És la capa on orbita l'Estació Espacial Internacional i on es produeixen les aurores.
- La mesosfera és la capa més freda. Aquí s'observen els meteors.
- A l'estratosfera hi ha la capa d'ozó, que filtra algunes radiacions del Sol que són molt perjudicials pels éssers vius.
- A la troposfera es produeixen els fenòmens meteorològics, com el vent, els núvols i les precipitacions. També és on s'acumula la pols, el pol·len i els contaminants.

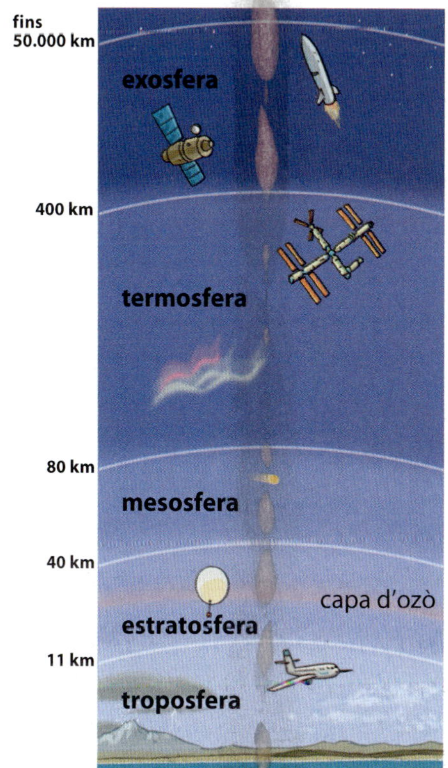

Capes de l'atmosfera.

Les funcions de l'atmosfera

L'atmosfera conté els gasos necessaris per a la vida dels organismes, com l'oxigen que respiren els éssers vius i el diòxid de carboni que necessiten les plantes per fer la fotosíntesi.

L'atmosfera també regula la temperatura de la superfície terrestre, retenint una part de l'escalfor que ens arriba del Sol i evitant que torni cap a l'espai. Això permet que hi hagi aigua líquida a la Terra.

> L'atmosfera és la capa gasosa que envolta la Terra. Conté els gasos necessaris per a la vida. Els fenòmens meteorològics es produeixen a la troposfera, la capa més pròxima a la superfície terrestre.

11 Expliqueu les capes de l'atmosfera.

Q Pàgina 6

EL TEMPS ATMOSFÈRIC

Entenguem els mapes de temperatures

Amb les dades recollides de les diferents estacions meteorològiques, els meteoròlegs confeccionen mapes del temps. Uns indiquen les pluges acumulades, altres les temperatures, uns altres les pressions...

Els mapes de temperatures mitjanes indiquen la mitjana de temperatures registrades durant un període de temps en un lloc concret.

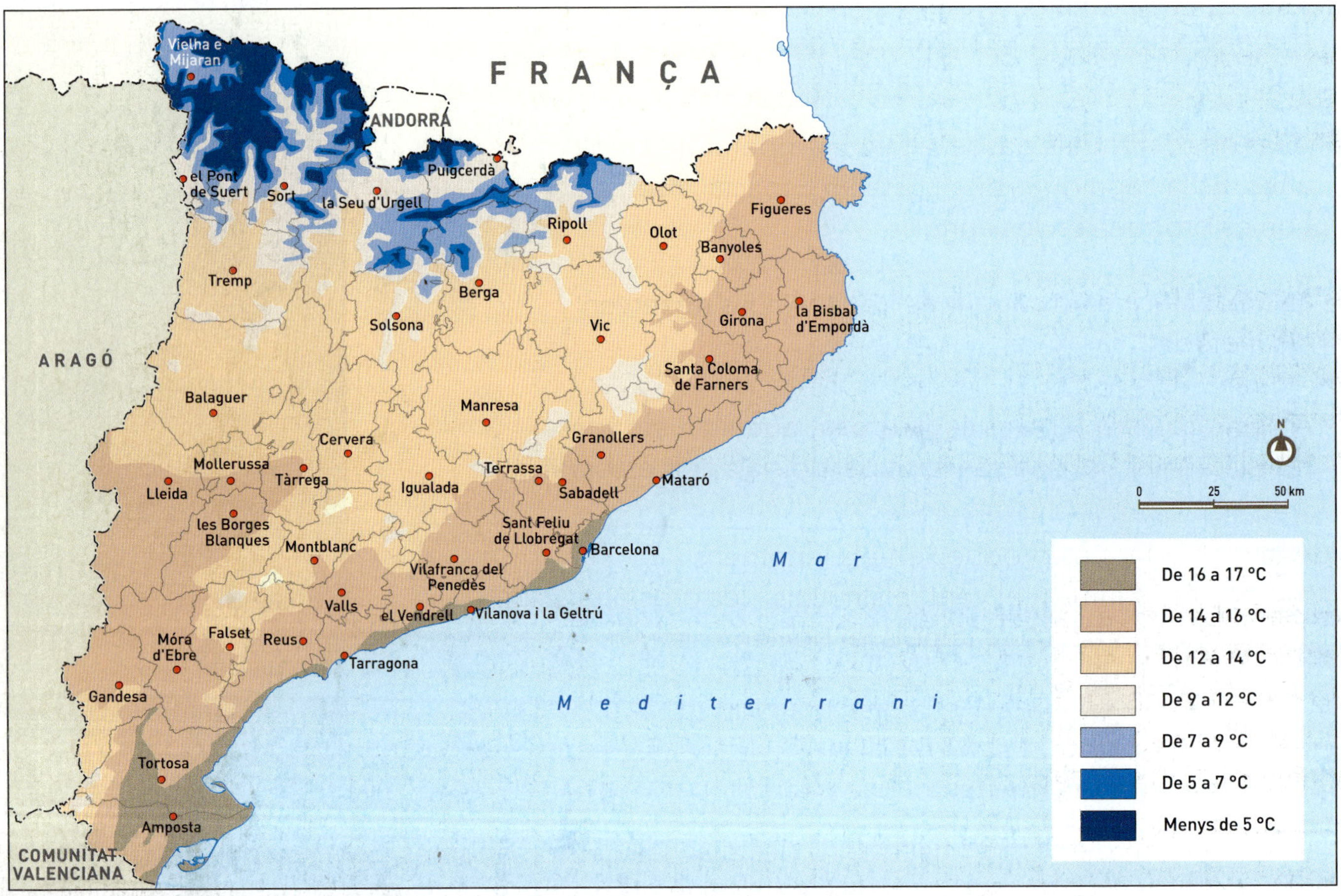

Fixeu-vos en aquest mapa de temperatures mitjanes.

- Què indiquen els colors del mapa?
- Quina és la zona més freda en mitjana? I la més càlida?
- Quina és la temperatura mitjana de la teva comarca?
- De què depenen les temperatures?

12 Què és la temperatura mitjana? És possible que Sort tingui una temperatura mitjana anual d'11 °C, i un dia de gener de l'any passat fes 3 °C i un dia d'agost en fes 25 °C? Per què?

Els factors atmosfèrics

El temps atmosfèric és l'estat de l'atmosfera en un lloc i un moment concret. És a dir, la temperatura que fa, si hi ha precipitacions, si fa vent...

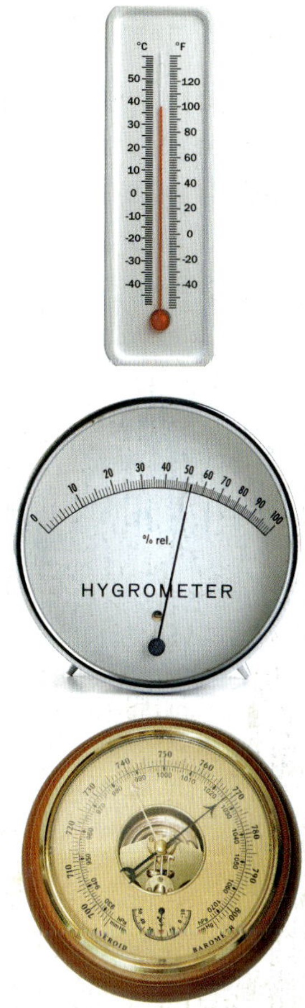

El termòmetre, l'higròmetre i el baròmetre són instruments de medició del temps atmosfèric.

Temperatura

La temperatura és el grau d'escalfament de l'aire. Es mesura amb el termòmetre, en graus centígrads (°C). La temperatura varia segons l'hora del dia, la latitud (fa més fred a prop dels pols), l'altura (fa més fred a més altura) i la proximitat al mar (fa més fred com més lluny del mar).

Humitat

La humitat és la quantitat de vapor d'aigua que hi ha a l'aire. Es mesura amb l'higròmetre en %. Per exemple, una humitat del 90 % indica que fa molta humitat. Quan l'aire humit es refreda es formen gotetes d'aigua, com la rosada. Hi ha més humitat prop del mar i a les zones boscoses que a les planes.

Pressió

La pressió és la força que fa l'atmosfera (pel pes de l'aire) per unitat de superfície terrestre. Es mesura amb el baròmetre, en hectoPascals (hPa). La pressió és més alta a nivell del mar que al cim de les muntanyes. La baixada de la pressió atmosfèrica indica temps inestable en les hores següents. La pujada, en canvi, indica bon temps.

Quan hi ha una zona atmosfèrica on la pressió és superior a la de l'aire que l'envolta es diu que s'ha format un anticicló. Els anticiclons provoquen bon temps i absència de precipitacions. En canvi, una zona atmosfèrica on la pressió és més baixa a la de l'aire que l'envolta es coneix com a depressió. Les depressions atmosfèriques originen pluges.

> i El temps atmosfèric és l'estat de l'atmosfera en un lloc i moment concrets. La temperatura es mesura amb el termòmetre, la humitat amb l'higròmetre i la pressió amb el baròmetre.

13 Com faríeu servir el termòmetre, l'higròmetre i el baròmetre per saber el temps d'un lloc?

Q Pàgina 7

W Per saber-ne més

VENT, PRECIPITACIONS I NÚVOLS

Entenguem els mapes de vents i precipitacions

A les estacions meteorològiques també es prenen mesures de la velocitat del vent, que serveixen per fer els mapes de vents. I amb les dades de la quantitat de pluja acumulada es confeccionen els mapes de precipitacions.

Mapa de vents

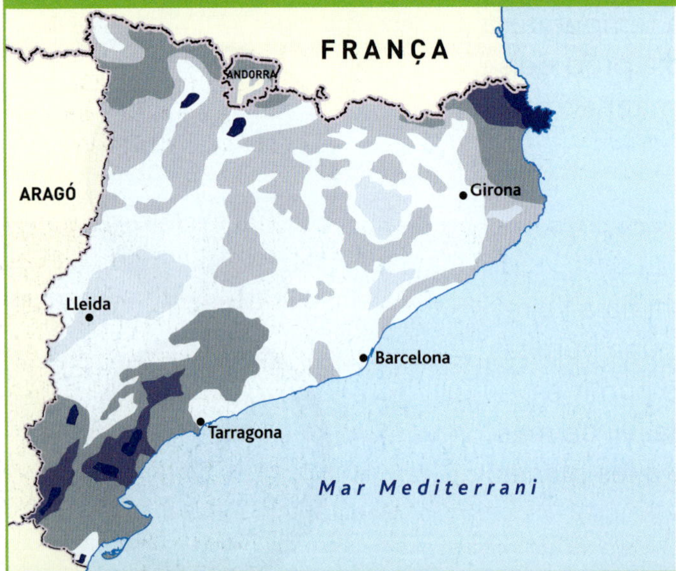

Observeu el mapa de la velocitat mitjana del vent a 10 m d'alçada.

- A quines zones fa el vent més fort?
- Com s'expliquen aquestes diferències?
- Quins factors fan que hi hagi més o menys vent?

10 m/s | 6 m/s | 5 m/s | 4 m/s | 3 m/s | 2 m/s

Mapa de precipitacions

Observeu ara el mapa de precipitacions.

- Què indica?
- En quines zones plou més? En quines menys?
- Quines en poden ser les causes?

Més de 1.000 mm | De 700 a 1.000 mm | De 500 a 700 mm | Menys de 500

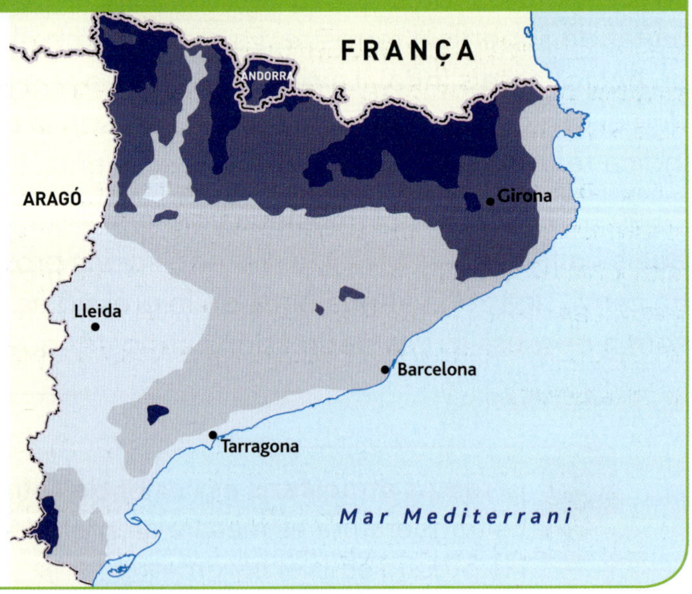

14 La precipitació anual d'algunes zones dels Pirineus és de més de 1.000 mm, o sigui, 1.000 l/m². Com es calcula aquesta quantitat?

Els fenòmens atmosfèrics

L'estat del cel no és sempre el mateix. Pot ser clar o estar cobert de núvols que portin precipitacions en forma de pluja, neu o pedra. Pot bufar vent o no córrer ni gota d'aire.

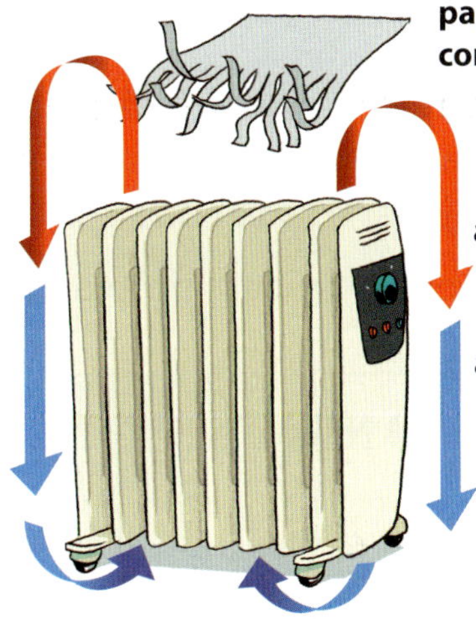

Si posem un paper tallat en tires damunt d'un radiador engegat, veurem com l'aire calent puja i mou les tires.

El vent

El vent és l'aire en moviment.

Quan l'aire s'escalfa tendeix a pujar i quan es refreda, tendeix a baixar. L'espai buit deixat per l'aire calent que puja, és ocupat per l'aire fred que baixa. Algunes parts de la Terra s'escalfen més que altres i això fa moure l'aire: és el **vent**.

El **penell** ens indica la direcció del vent. La velocitat del vent es mesura amb l'**anemòmetre**, en km/h.

El penell indica la direcció del vent.

L'anemòmetre mesura la intensitat del vent.

Els núvols i les precipitacions

Els **núvols** estan formats per gotetes d'aigua o de gel que són tan petites que es mantenen en suspensió en l'atmosfera. Perquè es formin hi ha d'haver molta humitat o bé temperatures baixes.

Quan aquestes gotetes es condensen i s'agrupen, formen gotes més grans que pesen més i cauen. Les precipitacions són l'aigua que cau de l'atmosfera. Les **precipitacions** poden ser líquides (pluja) o sòlides (neu, calamarsa, pedra). La quantitat de precipitació es mesura amb el **pluviòmetre** en mm (l'altura a què arriba l'aigua recollida) o en litres/m^2.

El pluviòmetre mesura la quantitat de pluja.

> El **vent** és provocat pels moviments de l'aire. Els **núvols** estan formats per gotes d'aigua. Les **precipitacions** són l'aigua que cau en forma líquida o sòlida.

15 Expliqueu per què es produeix corrent d'aire quan obrim les finestres de casa.

Q Pàgina 8

ELS REGISTRES ACTUALS

Descobrim com treballen els meteoròlegs

Des de sempre, saber el temps que farà ha estat una necessitat dels humans. Per exemple, saber si ha de ploure o farà vent quan hi ha un incendi forestal pot ser molt útil; o saber si hi ha perill de calamarsa pot ajudar a salvar una collita.

Actualment, a Internet podem trobar informació meteorològica com la següent:

En els mapes d'isòbares la distància entre les línies indica la possibilitat de pluja.

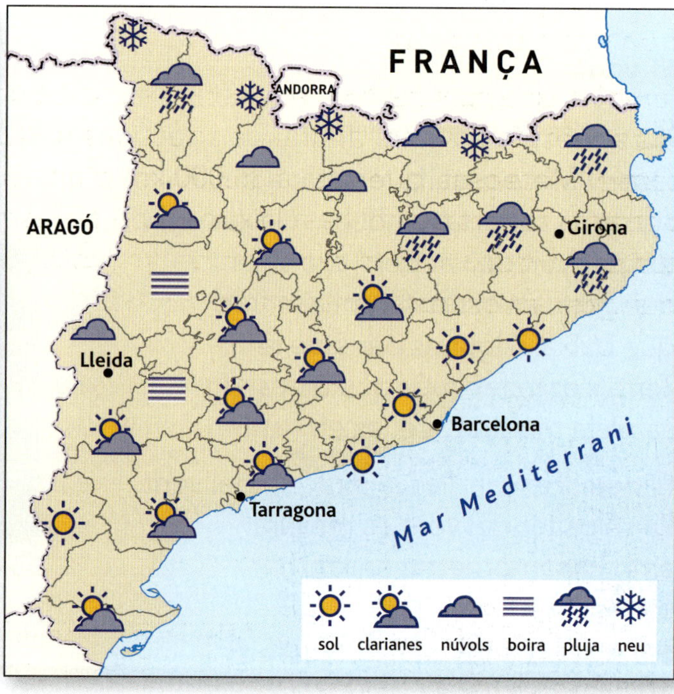

Mapa de símbols amb la previsió del temps.

Els mapes d'isòbares estan formats per diferents línies tancades que uneixen tots el punts amb la mateixa pressió atmosfèrica. La pressió normal al nivell del mar és de 1.013 mil·libars (mb). Quan els valors són més alts de 1.013 mb, el temps és assolellat. Quan són més baixos, el temps és plujós.

Els mapes de símbols expressen la previsió del temps. Un conjunt de símbols indiquen el temps que farà a cada zona d'un territori. Aquests símbols fan referència a l'estat del cel i del mar en les hores següents i els dies immediats.

16 Contesteu aquestes preguntes:

- Quina utilitat pot tenir conèixer la previsió del temps per a l'agricultura, la navegació, els incendis o el transport?
- Com ho deuen fer els meteoròlegs per preveure el temps que farà? Quins aparells utilitzen? Amb quanta anticipació poden preveure el temps?

Satèl·lits i models informàtics

Registrar dades

Les estacions meteorològiques registren en cada moment dades sobre la temperatura, la humitat, la pressió atmosfèrica, el vent... Aquests registres es guarden i quan s'han acumulat durant anys, permeten conèixer el clima d'un lloc determinat.

També s'obtenen dades dels globus sonda, que pugen fins a més de 20 km d'altura, dels satèl·lits meteorològics com el Meteosat, que està a 36.000 km d'altura, i dels diferents radars que hi ha a la superfície terrestre. Aquests aparells detecten els moviments dels núvols, i envien imatges i altres dades meteorològiques.

Les estacions meteorològiques han d'estar a la intempèrie per poder registrar bé les dades de l'atmosfera.

Imatge d'Europa obtinguda des del satèl·lit Meteosat.

Fer previsions meteorològiques

Les dades obtingudes per les estacions meteorològiques més la informació obtinguda pels radars, pels satèl·lits i pels globus sonda, s'introdueixen en uns programes informàtics anomenats models meteorològics. Amb l'ajuda dels ordinadors més potents del món, i amb informació sobre la posició de les muntanyes, mars i oceans i la seva temperatura, els models meteorològics ajuden els meteoròlegs a elaborar mapes del temps i a fer les previsions. Les previsions més fiables es fan amb pocs dies d'anticipació.

Els radars de pluges ajuden a saber si plourà.

> i Els meteoròlegs fan els mapes de les previsions del temps a partir de dades i amb l'ajut de models meteorològics.

17 En què es diferencien clima i temps? Posa un exemple de cada. Com es fa per conèixer el clima d'un lloc?

Q Pàgina 9 W Per saber-ne més

TALLER D'EXPERIMENTACIÓ

Construïm un baròmetre per poder preveure el temps

Conèixer les variacions de la pressió atmosfèrica ajuda a preveure el temps en les properes hores. Com que l'aparell que mesura la **pressió atmosfèrica** és el **baròmetre**, en construirem un.

Necessitem:

- Un pot de vidre ample
- Un globus
- Una goma elàstica
- Una palla de refresc
- Cinta adhesiva i goma d'enganxar
- Cartolina i tisores
- Un escuradents

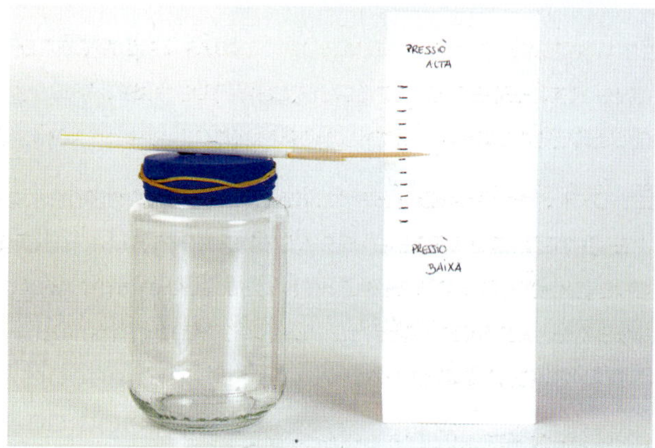

Passos a seguir:

1. Tallem el globus i l'estirem sobre la boca del pot. El fixem amb la goma elàstica.
2. Enganxem l'escuradents al final de la palla amb la cinta adhesiva. L'altre extrem de la palla el fixem sobre el globus amb la goma d'enganxar. La vora del pot ha de fer de punt de suport.
3. Dibuixem una graduació a la cartolina i la posem al costat de l'escuradents.
4. Observem els canvis de posició de l'escuradents durant uns dies. Aquest baròmetre no es pot deixar al sol perquè es podria alterar el seu funcionament. Si la pressió augmenta cal esperar bon temps.

W Taller d'experimentació

18 Anotem diàriament les variacions de pressió que es donen durant uns dies seguits. Escrivim la previsió de temps per al dia següent i l'endemà comprovem fins a quin punt s'ha complert la previsió.

- Quan la pressió puja l'escuradents indica la part alta de la cartolina. Què passa a l'altre extrem de la palla? Per què?
- Durant quants dies hem fet la previsió? Durant quants dies s'ha complert?
- Quin percentatge d'encert heu tingut? Per calcular-lo cal dividir el nombre de dies encertats pel de dies en què hem fet la previsió.

FEM UN MÓN MILLOR

Reduïm la contaminació atmosfèrica

La contaminació atmosfèrica és la presència a l'aire de substàncies que molesten o perjudiquen els éssers vius. Moltes provenen d'obtenir energia cremant carbó o derivats del petroli.

És difícil eliminar les fonts de contaminació, però una part de la solució està a les nostres mans. El petit estalvi d'energia que podem aconseguir individualment és molt important quan el sumem al que fan altres persones.
Podem contribuir-hi:

- Si regulem bé la calefacció.
- Si anem a peu, en bicicleta o en transport públic en lloc d'anar en cotxe.
- Si comprem productes de proximitat, que no calgui transportar de molt lluny.

Trànsit de cotxes a la ciutat.

Vianants travessant un pas de zebra.

Bicicletes de lloguer a Barcelona.

> La contaminació és un problema global, però cadascú de nosaltres podem contribuir a reduir-la.

19 Feu una llista d'accions que podeu fer amb la vostra família per estalviar energia i contribuir a reduir la contaminació.

Q Pàgina 10

Elaborem un informe meteorològic

Ens organitzarem en grups per elaborar un informe en què recollirem la informació meteorològica més important de l'any passat a Catalunya. Farem servir una tècnica de treball cooperatiu.

meteo.cat

Servei Meteorològic de Catalunya

Tècnica cooperativa «Grups d'investigació»

1. Cada grup planifica els objectius que es proposa i els procediments que utilitzarà per assolir-los, al mateix temps que els seus membres es distribueixen les tasques a realitzar tenint en compte el que cadascú pot aportar. Tot plegat ha de quedar recollit en un full de planificació.
2. El grup desenvolupa el pla descrit en aquest full: recollida de la informació necessària, anàlisi i síntesi d'aquesta informació, elaboració i presentació del treball a la resta de la classe.
3. El grup avalua el treball en equip i l'exposició feta per mitjà d'un full d'avaluació.

20 Aneu a l'apartat «Anuari de dades meteorològiques» del web del Servei Meteorològic de Catalunya i busqueu aquesta informació del darrer any:

a) la temperatura mitjana mensual
b) el dia més fred i el dia més càlid
c) la precipitació mitjana mensual
d) el dia més plujós
e) la velocitat mitjana del vent mensual
f) la direcció predominant del vent

- Redacteu un informe que ho expliqui.

21 Com ha anat el treball cooperatiu?

- Us ha resultat fàcil realitzar el full de planificació?
- Heu estat capaços de resoldre tots els passos individualment i junts?
- Us heu posat d'acord per completar el full de planificació?

Zona CLIC

Català | Matemàtiques | Ciències | Música | Castellà

Entenguem les previsions meteorològiques

Si estem preparant una excursió, unes vacances o volem saber si hem d'agafar el paraigua, ens és molt útil saber quina és la previsió del temps. El web del Servei Meteorològic de Catalunya (Meteocat) ens ofereix les previsions per les properes hores i dies, i altres informacions meteorològiques molt interessants.

1r

Escrivim al navegador:

www.e-cruilla.cat/meteocat

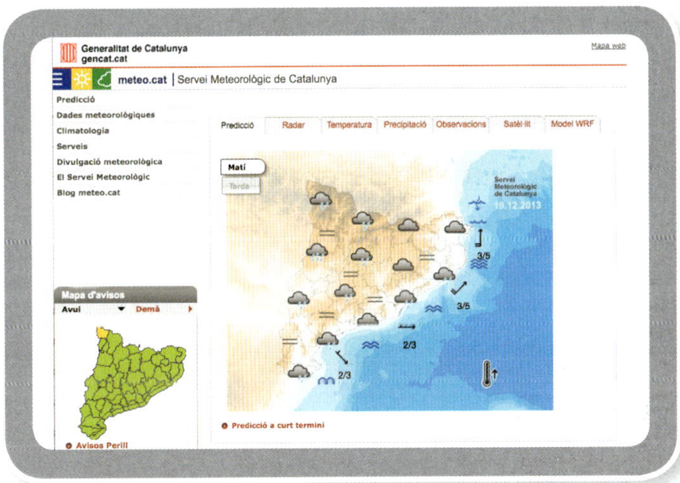

2n

Premem les pestanyes de «radar», «temperatura», «precipitació», «observacions» i «satèl·lit». Busquem les dades de la nostra localitat.

3r

Premem a la columna de l'esquerra «divulgació meteorològica». Allà hi trobarem informació per comprendre conceptes generals de meteorologia, per entendre les previsions, per saber com funciona el radar meteorològic, el satèl·lit meteorològic o les estacions automàtiques, etc.

Busqueu les dades de la vostra comarca a «dades meteorològiques» i després a «estacions automàtiques»

- Anoteu en quins llocs està plovent en aquest moment.
- Anoteu la previsió a curt i llarg termini.
- Anoteu quines altres informacions ens proporciona aquesta pàgina.

W Zona clic

HEM APRÈS

L'ATMOSFERA

és la

CAPA GASOSA QUE ENVOLTA LA TERRA

- està formada per **AIRE**
  - que conté **GASOS**
    - com **nitrogen, oxigen**
- té diverses **CAPES**
  - com **LA TROPOSFERA**
    - on es produeixen **ELS FENÒMENS METEOROLÒGICS**
      - com **el vent i les precipitacions**
    - on es produeixen **LA CONTAMINACIÓ**
  - com **L'ESTRATOSFERA, LA MESOSFERA, LA TERMOSFERA, L'EXOSFERA**
- és adequada per als **ÉSSERS VIUS**
  - perquè **conté els gasos necessaris per a la vida**
  - perquè **regula la temperatura terrestre**

22 Penseu frases correctes que tinguin com a mínim les expressions següents:

a) atmosfera, aire, nitrogen i oxigen.

b) atmosfera, capes, troposfera, fenòmens meteorològics, vent i precipitacions.

c) gasos necessaris per a la vida, regula la temperatura, éssers vius i atmosfera.

23 Responeu les següents preguntes:

- Com protegeix l'atmosfera la Terra? Doneu com a mínim dues respostes.
- De quina manera es pot mesurar el temps atmosfèric? Per a què serveix tenir-ne registres?

Q Pàgines 11 i 12

Mapa conceptual
Autoavaluació W

HEM APRÈS

24 Amb un grup d'amics esteu preparant una acampada a Sarroca de Bellera, un poble del Pallars Jussà. Us heu informat i sabeu que el terreny on voleu acampar és un prat, al costat del riu. Disposeu de tota la setmana, però heu decidit que sortireu només quatre dies.

Per saber quin temps us farà heu entrat a meteo.cat i heu trobat aquesta informació:

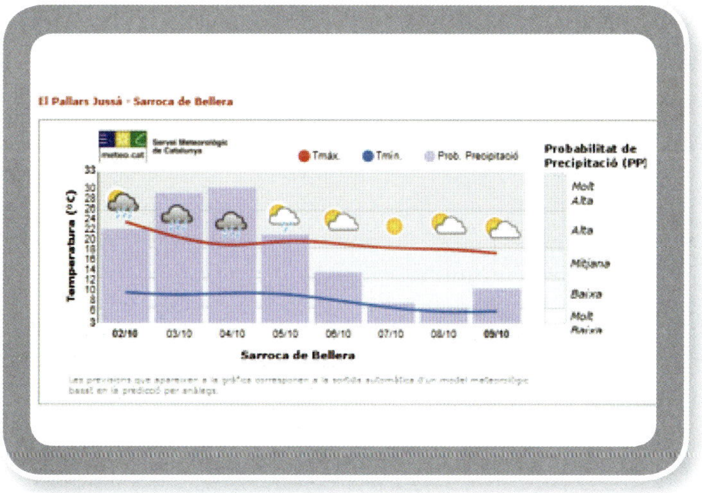

- Què podeu saber mirant el gràfic?
- Què vol dir probabilitat de precipitació?
- Què indica la línia vermella? I la blava?

Un parell d'amics no han pogut assistir a la reunió i us han demanat que els envieu un missatge amb la previsió del temps, els dies més adequats per acampar, i consells sobre la roba que han de posar a la motxilla, d'acord amb les previsions.

- Escriviu aquest missatge.

25 Reflexioneu:

- **Abans de començar penseu si...** Heu entès què s'ha de fer? Us cal ajuda? Qui o què us pot ajudar?
- **Atureu-vos a mitja feina i penseu si...** Heu de tenir en compte més coses de les previstes? Funciona correctament el vostre grup de treball?
- **Valoreu com ho heu fet:** Esteu satisfets del resultat? Què és el que us fa sentir més satisfets? I el que menys?

2 LA DIVERSITAT EN ELS ANIMALS

Semblances i diferències entre animals

W Viatge virtual

PENSEM i PARLEM

1 Observeu el llop de la pàgina anterior, llegiu les preguntes i raoneu les respostes.

- Creieu que es poden trobar llops al nostre entorn? N'heu vist mai un? A on?
- Penseu que els llops conviuen pacíficament amb els humans?
- Considereu que els llops estan en perill d'extinció a Catalunya?

2 Segur que el llop us recorda algun altre animal molt proper als humans. Quin? En què s'assemblen i en què es diferencien d'aquest? Penseu que són parents?

3 Mireu les fotografies següents. Tots són animals. Sabeu com es diuen? Què us ha fet pensar que són animals?

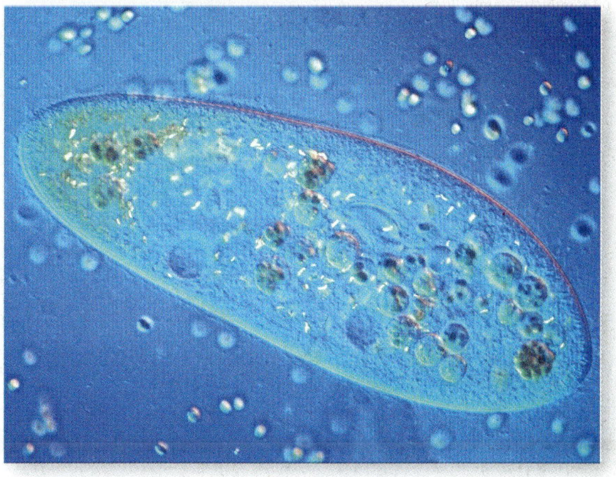

- Classifiqueu-los en vertebrats i invertebrats.
- Tot i ser tan diferents, què tenen en comú? Penseu en les funcions vitals.

ORGANiTZEM EL QUE SABEM

4 Els animals poden ser molt diferents entre ells. Uns tenen esquelet, d'altres no en tenen; uns viuen dins de l'aigua, d'altres a fora; uns es reprodueixen per ous, d'altres al ventre de la mare; uns només mengen herba i fruits, d'altres s'alimenten a partir d'altres animals.

- Identifiqueu tres animals que compleixin aquests requisits: mamífer, terrestre i herbívor.
- Assenyaleu-ne ara dos que siguin invertebrats, aquàtics i carnívors.
- Digueu almenys un animal mamífer aquàtic.
- Coneixeu algun mamífer aeri? Quin?

5 Treballeu les paraules clau de la unitat que apareixen a la il·lustració seguint els passos indicats va sota.

1. Classifiqueu les paraules en conegudes i desconegudes.
2. Després poseu la classificació en comú amb la resta de companys.
3. Inventeu frases amb les paraules que ja coneixeu.
4. Feu quadrants de vocabulari per a cada paraula que no conegueu.

6 Analitzeu el mapa conceptual següent i parleu-ne entre vosaltres.

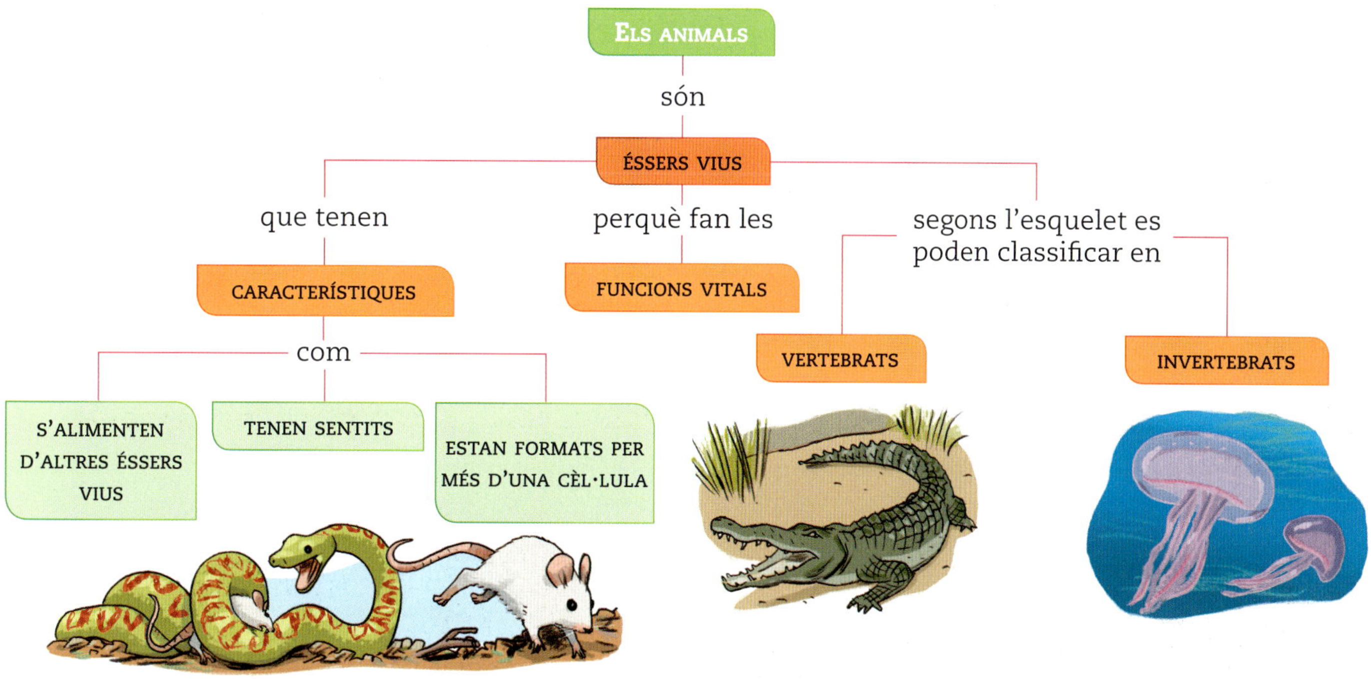

7 Dibuixeu la silueta d'un animal que conegueu bé i imagineu què passa dins del seu cos amb els aliments, des que menja fins que expulsa els excrements. Podeu posar noms i petites explicacions en el dibuix.

- Al final d'aquesta unitat, torneu a mirar el dibuix i feu-hi les correccions que calgui.

Aprendrem...

- A identificar les característiques dels éssers vius i dels animals.
- A relacionar la forma i l'estructura dels animals amb com desenvolupen les funcions vitals.
- A reconèixer les funcions vitals en els animals.
- A valorar els avantatges i inconvenients de tenir un animal de companyia.
- A elaborar un informe.

Per poder...

- Diferenciar els animals d'altres organismes.
- Explicar com són els animals i quines estructures tenen segons el medi on viuen.
- Entendre com funcionen els animals.
- Ser responsables i respectuosos amb els animals.
- Explicar com és un animal sense descuidar-nos res.

ELS ANIMALS SÓN ÉSSERS VIUS

Comparem els animals amb els altres éssers vius

Els animals són éssers vius i, com tots els altres éssers vius, fan la funció de nutrició, la funció de relació i la funció de reproducció.

Però no tots els éssers vius són iguals. Els animals es diferencien de la resta perquè, malgrat ser molt diferents entre ells:

- Tots han d'obtenir l'aliment d'un altre ésser viu (no com les plantes), i digerir-lo. Són heteròtrofs.
- Tots reaccionen als canvis del seu entorn, es poden moure per caçar, fugir o amagar-se.
- Tots estan formats per més d'una cèl·lula (com comprovarem si els mirem al microscopi). Són pluricel·lulars.

La lleona caça antílops per alimentar-se ella i per poder portar menjar als seus cadells.

Les formigues recol·lecten fulles i llavors i les transporten fins al seu niu.

8 Observeu aquests dos animals i feu una llista amb els trets que comparteixen. Després feu una altra llista amb les característiques que els diferencien. Poseu èmfasi sobretot en l'estructura corporal i en les funcions vitals.

Balena.

Tauró.

Les funcions vitals dels animals

Els animals es nodreixen

La funció de nutrició permet als animals obtenir energia i matèria per poder viure. Els animals obtenen aquesta energia i matèria del menjar. S'alimenten d'altres animals o de plantes: són heteròtrofs. Per nodrir-se han de respirar, transportar l'oxigen i els nutrients amb la sang i eliminar les substàncies de rebuig.

Els animals es relacionen

La funció de relació permet als animals captar la informació del medi, interpretar-la i elaborar una resposta. Aquesta informació la capten gràcies als sentits. Per exemple, si un ocell sent un soroll, es posa a volar, o si una granota té molta calor, es fica a l'aigua.

Els animals es reprodueixen

La funció de reproducció permet als animals originar animals semblants als seus progenitors. Quan les condicions són favorables, els animals tenen descendència i asseguren la continuïtat de l'espècie.

L'esquirol s'alimenta de pinyons i d'altres fruits i vegetals.

L'aranya espera que la teranyina es mogui per saber si ha caçat algun insecte.

La lleona té cura dels seus cadells.

Els animals són éssers vius. Fan les funcions de nutrició, de relació i de reproducció.

9 Poseu un exemple de com es relaciona, com es nodreix i com es reprodueix un animal que conegueu bé.

Q Pàgina 13

W Per saber-ne més

DIVERSITAT DE NUTRICIÓ

Descobrim com mengen els animals

Els animals necessiten alimentar-se per obtenir energia i matèria.

L'**ós panda** només menja bambú. I com que és un animal gran n'ha d'ingerir molta quantitat. Fins a 40 kg al dia!

L'**ós rentador** té una dieta molt variada. Pot menjar peixos, mel, fruits silvestres…

El **bernat pescaire** menja els peixos i amfibis que ell mateix pesca amb el seu llarg bec.

El **cargol** és un animal herbívor, pot menjar gairebé qualsevol planta.

- Quins d'aquests animals mengen plantes?
- Quins mengen altres animals?
- N'hi ha algun que mengi de tot?
- Quins animals han de menjar més quantitat d'aliment? Per què?

10 Després de menjar, els animals digereixen els aliments. Expliqueu què creieu que passa amb el menjar dins dels animals. On va a parar? Com pot ser que una part dels aliments, com el calci, vagi a parar als ossos? Què en treuen els animals?

Els animals es nodreixen

Els animals ingereixen els aliments i els transformen en nutrients dins del cos. N'obtenen energia i matèria per al manteniment i el creixement de l'organisme. Per fer-ho, necessiten l'oxigen de la respiració, i que la sang transporti els nutrients, l'oxigen i les substàncies de rebuig.

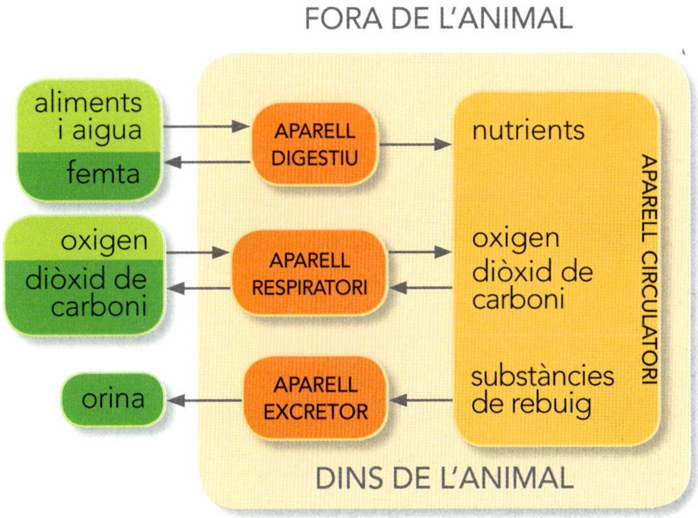

Els animals mengen altres éssers vius

En una llacuna, hi ha plantes que produeixen la seva matèria amb l'energia de la llum. Per això es diu que les plantes són organismes productors. Els peixos es mengen les plantes, i el bernat pescaire es menja els peixos. Els animals obtenen l'aliment menjant altres éssers vius. Es diu que són consumidors i heteròtrofs.

Aquestes relacions alimentàries es poden representar amb una cadena alimentària o tròfica com la de la il·lustració.

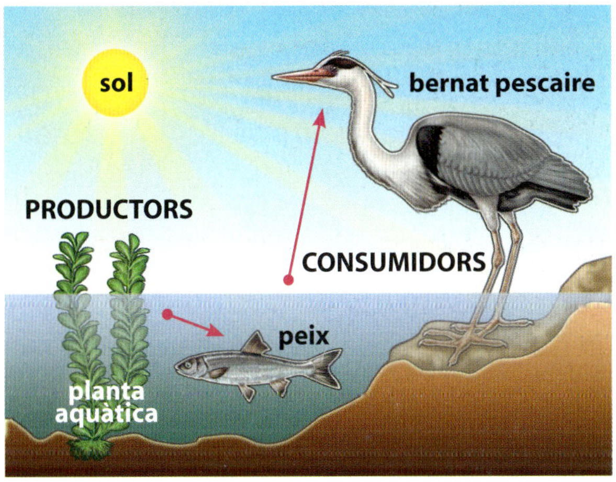

Els animals són organismes consumidors perquè obtenen energia dels éssers vius que es mengen i transformen en nutrients. Les plantes, en canvi, són organismes productors perquè obtenen l'energia de la llum solar.

11 Expliqueu com participa la sang en la funció de nutrició dels animals.

a) Què transporta a totes les parts del cos?
b) On recull els nutrients?
c) On recull l'oxigen?

12 Imagineu un bosc amb tots els éssers vius que hi habiten.

- Quins d'aquests éssers vius serien productors? I quins consumidors?
- Qui s'alimentaria de qui? Construïu la cadena tròfica d'aquest bosc imaginari.

Q Pàgina 14

DIVERSITAT DE RELACIÓ

Descobrim com es relacionen els animals

Els animals detecten els canvis del medi (sorolls, moviments, olors...) amb els òrgans dels sentits (ulls, orelles, nas, pèls...) i hi responen amb alguna reacció, normalment amb l'aparell locomotor (fugen, salten, corren...).

Sabeu què fa el camaleó quan està entre fulles verdes? I quan es troba entre les roques?

Heu vist mai com respon un gat quan sent algun soroll estrany o veu un gos desconegut?

Què penseu que fan les zebres quan se'ls acosta un animal que elles consideren perillós?

Els animals reaccionen de diferents maneres quan perceben un estímul i l'interpreten com un perill.

- El camaleó, que té la capacitat de canviar el color de la seva pell, intenta imitar els colors del seu entorn per camuflar-se i així passar desapercebut.
- El gat s'estarrufa quan se sent en perill per aconseguir un aspecte més gran i amenaçador.
- Les zebres aprofiten les ratlles de la seva pell per confondre els possibles depredadors. Quan perceben l'amenaça s'agrupen perquè l'animal que les ataca no sàpiga on comença una i on comença una altra.

13 Busqueu alguns exemples de reaccions d'animals a estímuls externs del medi. Escriviu en cada cas quin és l'estímul i quina és la resposta.

Animal	Estímul	Resposta

14 Coneixeu altres animals que facin servir la tècnica del camuflatge? Quin o quins? Investigueu com ho fan i feu un dibuix que ho il·lustri.

Els animals es relacionen

Els sentits

Els animals obtenen informació de l'entorn a través dels **sentits** (vista, oïda, gust, olfacte i tacte). Qualsevol canvi que es produeixi en el medi és un estímul que l'animal percep.

Alguns animals detecten **estímuls** que per nosaltres passen desapercebuts: els gossos tenen un gran olfacte, algunes serps detecten les preses per la calor del cos, i els ratpenats s'orienten en la foscor gràcies a l'eco dels sons que emeten.

Els ratpenats són capaços de volar a les fosques gràcies al seu sistema de radar integrat.

El sistema nerviós

La informació que arriba als òrgans dels sentits es processa al **sistema nerviós**, que interpreta l'estímul i elabora una **resposta**. Per exemple, l'abella, gràcies als ulls i als receptors de l'olfacte que té a les antenes, detecta les flors. Davant de l'estímul d'una flor, el sistema nerviós processa la informació i decideix què cal fer.

Les abelles tenen una gran capacitat per trobar flors amb pol·len.

La resposta a l'estímul

Una vegada el sistema nerviós ha processat la informació, la resposta a l'estímul rebut sovint és un **moviment**. Segons el cas, els animals s'acosten a l'estímul, o fugen o s'amaguen. La resposta la dóna l'**aparell locomotor**. En el cas de l'abella, vola cap a la flor i s'hi posa al damunt.

i Els animals detecten els canvis del medi amb els **òrgans dels sentits**, interpreten aquesta informació amb el **sistema nerviós** i hi responen amb l'**aparell locomotor**.

15 Expliqueu, fent servir les paraules «estímul», «sistema nerviós» i «resposta», què passa quan:

a) Una mosca fuig del menjar quan ens hi acostem.

b) Un gos s'acosta al seu amo quan aquest el crida.

Q Pàgina 15

DIVERSITAT DE REPRODUCCIÓ

Descobrim com es reprodueixen els animals

La reproducció dels animals els assegura la descendència, però no tots els animals es reprodueixen de la mateixa manera.

- Creieu que totes les espècies d'animals han de tenir necessàriament dos progenitors per reproduir-se?
- Penseu que n'hi ha alguna que pugui reproduir-se a partir d'un sol progenitor?

El peix mascle disposa els seus espermatozoides a sobre dels ous que ha post la femella.

El cavall fecunda l'euga per tenir un poltre.

Els ous de les gallines acaben donant pollets si estan fecundats pel gall.

La majoria d'animals necessiten un mascle i una femella de la mateixa espècie per poder tenir descendència. Es diu que tenen **reproducció sexual** a partir de dos progenitors.

La **fecundació** pot ser **externa** (fora de l'animal), com en molts peixos i altres animals aquàtics, o **interna** (dins de l'animal), com en molts mamífers, ocells, rèptils i molts altres animals terrestres.

Alguns animals, els més senzills, es poden reproduir a partir d'un sol progenitor. A la hidra d'aigua dolça li comença a créixer un bony, una gemma, que es convertirà en una nova hidra. Aquests animals tenen **reproducció asexual** a partir d'un sol progenitor.

Hidra verda d'aigua dolça en plena reproducció.

16 Expliqueu la diferència entre reproducció sexual i asexual. Busqueu exemples d'animals amb cada tipus de reproducció.

Els animals es reprodueixen

Els animals poden tenir reproducció asexual, a partir d'un sol progenitor, o bé reproducció sexual, a partir de dos progenitors. En aquest cas, el mascle aporta els espermatozoides i la femella aporta els òvuls.

Els animals que es reprodueixen sexualment poden néixer d'un ou o directament del ventre de la mare.

L'ou d'estruç té una closca dura.

Ovípars

Els animals que neixen d'un ou són ovípars. L'ou pot tenir una closca dura, com en els ocells i els rèptils, o tova, com en els amfibis i peixos. Tots els invertebrats ponen ous.

Alguns animals protegeixen i alimenten les cries quan surten de l'ou, com en el cas dels ocells. En d'altres, les cries han de sobreviure pel seu compte, com en el cas de peixos, amfibis i rèptils.

Alguns animals neixen amb una forma molt diferent de la de l'adult i fan la metamorfosi, com per exemple el cuc de seda i la granota.

Els ous d'amfibi són gelatinosos i tous.

Vivípars

Els mamífers que neixen directament del ventre de la mare s'anomenen vivípars. Després de néixer, les cries s'alimenten de la llet de la mare fins que són prou grans per buscar-se l'aliment.

Les vedelles s'alimenten de la llet de la mare les primeres setmanes de vida.

> La majoria d'animals tenen reproducció sexual. Alguns neixen d'un ou, són animals ovípars, i d'altres neixen directament, són animals vivípars. Alguns fan la metamorfosi per arribar a adults.

17 Ompliu la graella per determinar quin tipus de reproducció segueix cadascun d'aquests animals: granota, ratolí, gavina, dofí, saltamartí, foca, gamba.

Animal ovípar		Animal vivípar
Fecundació externa	Fecundació interna	-
-	-	-
-	-	-

Pàgina 16

Per saber-ne més

DIFERENTS FORMES PER CADA MANERA DE VIURE

Relacionem l'estructura amb les funcions vitals

Els animals que podeu observar a les fotografies es desplacen dins l'aigua. Però la forma i l'estructura de cadascun d'ells és diferent segons la manera de desplaçar-se que tenen.

- Sabeu com es mouen aquests animals? Què fan per desplaçar-se?
- Creieu que tenen algun òrgan o estructura que els ajudi a desplaçar-se?
- Veieu alguna relació entre la forma del peix i la seva manera de desplaçar-se per l'aigua? I en el cas de la sípia? I en el de la llagosta?

El llobarro té una forma que no el frena dins l'aigua, i neda amb els moviments del cos i les aletes.

La sípia expulsa bruscament cap enfora l'aigua de dins del mantell per propulsar-se.

La llagosta, en canvi, camina pel fons marí amb les seves potes.

Les condicions per viure dins o fora de l'aigua són molt diferents.

- Quines estructures tenen els animals per poder viure dins de l'aigua?
- Quines els servirien per poder viure fora de l'aigua?

18 Localitza els errors d'aquestes frases:

- El camaleó té la llengua suau i llisa per atrapar els insectes.
- El coll de les girafes és molt curt per poder menjar les fulles dels arbres.
- El pingüí te les ales molt fortes per poder volar.

19 Busqueu exemples d'animals per explicar com el lloc on viuen i la seva manera de relacionar-s'hi condiciona les seves estructures. Penseu en els animals terrestres i també en els animals aeris.

Formes i estructures específiques

Segons com desenvolupen les funcions vitals en el medi en el qual viuen, els animals tenen unes formes i unes estructures específiques.

Viure dins o fora de l'aigua

Els animals que viuen a l'aigua, com els peixos, tenen brànquies per respirar i aletes per nedar. També neden a diferents profunditats gràcies a la bufeta natatòria, que poden inflar més o menys.
Fora de l'aigua, ni les brànquies, ni les aletes ni la bufeta natatòria serveixen de res.

La majoria d'animals que viuen fora de l'aigua tenen pulmons, potes i la pell recoberta d'escates, plomes o pèl, per protegir-se de la sequedat.

Tenir o no tenir esquelet

Els invertebrats són animals petits. Alguns tenen el cos tou i no estan protegits amb ossos o amb una closca, com per exemple els cucs o el llimac.

Altres invertebrats estan més ben protegits. Tenen un esquelet articulat per fora de l'animal, com els insectes i els crustacis. Això els permet desplaçar-se molt millor, però els limita el creixement. Es diu que tenen esquelet exten.

Els vertebrats, en canvi, tenen un esquelet dins del cos, amb columna vertebral. Aquest esquelet intern els protegeix, els ajuda a desplaçar-se i fa que puguin ser molt més grans que els invertebrats.

Els peixos es desplacen dins l'aigua gràcies a les aletes.

La serp té escates per protegir la seva pell de la sequedat.

El llimac és un invertebrat sense closca.

L'escarabat és un invertebrat amb esquelet extern.

Els llangardaixos són vertebrats amb esquelet intern.

i Els animals tenen unes estructures adequades a com desenvolupen les funcions vitals. Els vertebrats tenen un esquelet intern, mentre que els invertebrats tenen esquelet extern o no en tenen.

20 Feu una llista de les estructures que permeten als animals viure a l'aigua i una altra de les que els permeten viure fora de l'aigua.

Q Pàgina 17

W Per saber-ne més

Esbrinem com són els peixos per dins i per fora

Hi ha peixos de tots colors, amb diferents mides i aspectes molt diversos. Però tots tenen una forma externa i uns òrgans interns semblants. Els estudiarem fent l'observació i la descripció d'un verat.

Necessitem:

- Una safata, pinces i tisores
- Un verat (també es pot fer amb altres peixos)
- Paper i llapis

Passos a seguir:

1. Per observar bé el peix per fora el posem a la safata. Observem la cua i la boca. Com són? A la boca hi ha dents? Com són? Quantes aletes té?

2. Toquem la pell del peix passant el dit del cap a la cua. Quin tacte té? Ara el passem de la cua cap al cap. És diferent la sensació? A cada costat del peix hi ha una línia de color diferent. La toquem amb compte. Per a què deu servir?

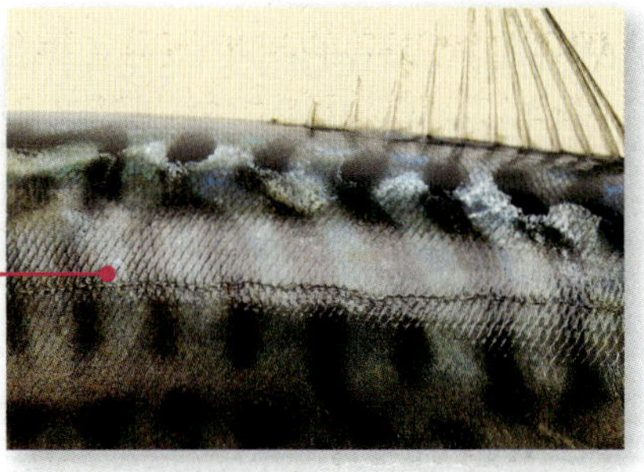

3. Aixequem l'opercle amb compte. Què hi ha a sota? Quin color tenen aquests òrgans? Per a què serveixen?

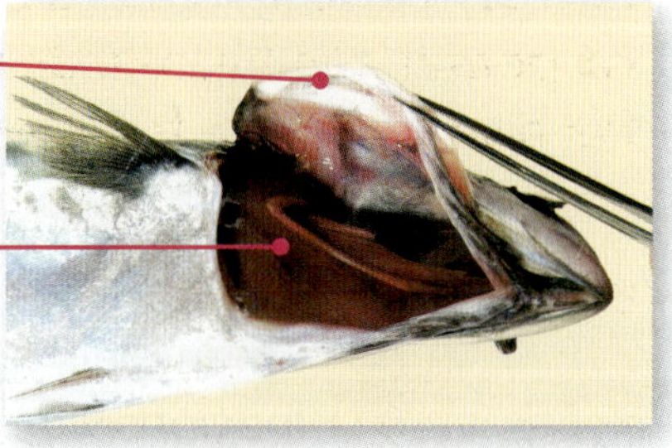

4. Posem nom a les parts de l'estructura externa del peix: aleta caudal, aleta pectoral, aleta abdominal, aleta anal, primera i segona aleta dorsal, línia lateral, boca, ull, opercle.

5. Introduïm una vareta de vidre del laboratori o un objecte similar per la boca del peix fins que surti per l'opercle. Quin camí segueix l'aigua que li entra per la boca? Com creus que respira el peix?

W Taller d'experimentació

6. Per observar bé el peix per dins, li fem un tall a l'altura de l'opercle, pugem fins a la línia lateral i baixem cap a l'anus. Aixequem la part tallada i intentem identificar els òrgans.

21 Contesteu les següents preguntes:

a) Creieu que la boca i les brànquies han d'estar comunicades? Per què?

b) Totes les aletes del verat són iguals? Esbrineu la funció dels diferents tipus d'aletes del peix.

FEM UN MÓN MILLOR

Siguem responsables i respectem els animals

Sovint es regalen animals. Aquestes mascotes són molt benvingudes, però de vegades, quan l'animaló es fa gran i veiem que li hem de dedicar molt temps, comença a fer nosa i acaba sent abandonat. Us imagineu el pobre animal, que sempre ha viscut amb persones, havent de sobreviure en un medi que no coneix i pel qual no està preparat?

Als cadells els agrada molt jugar.

Abans de decidir tenir un animal a casa cal pensar què necessita, quan temps haurem de dedicar a tenir-ne cura, a passejar-lo... I sobretot, cal pensar que haurem de mantenir el nostre compromís durant molts anys, vacances incloses. Per això, abans de fer el pas, cal pensar que cada any, milers de gossos i gats són abandonats i condemnats a una supervivència gairebé impossible als carrers.

> Un animal de companyia implica una gran responsabilitat. S'ha de meditar molt la decisió perquè és per sempre.

22 Tenir un animal de companyia és una decisió molt important per a una família. Feu una llista dels avantatges i els inconvenients de prendre aquesta decisió.

Q Pàgina 18

ESPAI COOPERATIU

Coneguem a fons els animals

El món dels animals és molt complex, perquè n'hi ha molts i són força diferents entre ells. Ens organitzarem en grups de quatre per investigar un grup d'animals i esdevenir-ne experts. Farem un petit informe que contingui la informació principal del grup escollit i utilitzarem una tècnica de treball cooperatiu.

Tècnica cooperativa «Pensar, comparar, compartir»

1. Es presenta el contingut que es treballarà i cada membre del grup busca informació i imatges sobre el tema. No n'hi haurà prou consultant el llibre de text, sinó que caldrà consultar altres fonts d'informació (altres llibres, pàgines web...). S'haurà d'anotar d'on s'ha tret cada informació.
2. Es compara dins del grup què ha trobat i què sap cadascú sobre el tema.
3. Es consensuen acords i es decideix quina informació és la millor per explicar-la després a la resta de companys de la classe.

23 Feu un informe escrit sobre un d'aquests grups d'animals:

insectes | mol·luscs | peixos | amfibis | rèptils | ocells | mamífers

- Una vegada elaborat l'informe, haureu d'explicar a la resta de la classe el vostre grup d'animals. No podrà haver-hi dos grups que treballin un mateix grup d'animals.
- Us podeu ajudar amb un pòster o una presentació de PowerPoint que inclogui fotos.

24 Com ha anat el treball cooperatiu?

- Heu sabut trobar la informació necessària? Ha estat difícil?
- Han estat riques les aportacions de cada membre del grup?
- Ha resultat fàcil consensuar les dades que cadascú ha aportat?

Zona Clic

Català | Matemàtiques | **Ciències** | Música | Castellà

Cerquem informació específica a Internet

- Quan busquem informació a Internet sovint ens costa trobar exactament el que volem. Per això, una web especialitzada, com el cercador del zoològic de Barcelona, ens pot facilitar molt la feina.

1r

Escrivim al navegador:

www.e-cruïlla.cat/zoobcn

2n

Cliquem la pestanya «Coneix el zoo».

3r

A l'esquerra apareix el cercador d'animals. Provem com funciona.

- Per comprovar el funcionament del cercador d'animals, busqueu:
  - Animals d'alimentació herbívora, de l'Àfrica i l'hàbitat dels quals sigui el bosc.
  - Animals omnívors dels boscos d'Europa.
  - En quin continent i en quin hàbitat podem trobar els formiguers.
  - Algun altre tema que us interessi.

W Zona clic

HEM APRÈS

ELS ANIMALS

són **ÉSSERS VIUS**

- que tenen **CARACTERÍSTIQUES** com
  - **S'ALIMENTEN D'ALTRES ÉSSERS VIUS**
    - heteròtrofs
      - poden ser
        - herbívors
        - carnívors
        - omnívors
  - **TENEN SENTITS**
  - **ESTAN FORMATS PER MÉS D'UNA CÈL·LULA**
    - són pluricel·lulars
- perquè fan les **FUNCIONS VITALS** que són
  - **NUTRICIÓ** mitjançant
    - l'aparell digestiu
    - l'aparell respiratori
    - l'aparell excretor
    - l'aparell circulatori
  - **RELACIÓ** mitjançant
    - els òrgans dels sentits
    - el sistema nerviós
    - l'aparell locomotor
  - **REPRODUCCIÓ** mitjançant
    - l'aparell reproductor
      - pot ser
        - asexual
        - sexual
- segons l'esquelet es poden classificar en
  - **VERTEBRATS** com els
    - peixos
    - amfibis
    - rèptils
    - ocells
    - mamífers
  - **INVERTEBRATS** com els
    - insectes
    - aràcnids
    - mol·luscs
    - crustacis

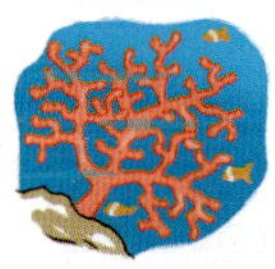

25 Penseu frases correctes que tinguin les expressions següents:

a) Funció de relació - funció de nutrició - funció de reproducció - éssers vius.

b) Vertebrats - invertebrats - per exemple.

c) Relació - òrgans dels sentits - sistema nerviós - aparell locomotor.

26 Feu parelles per jugar a «Encerteu l'animal».

- Un dels dos membres de la parella surt un moment de classe, mentre l'altre escriu en un paper la descripció d'un animal. Es tracta de fer una descripció que ajudi el company a fer un dibuix molt acurat.
- El company que era fora entra, escolta la descripció (atenció: no es pot dir el nom de l'animal, només les característiques!) i intenta dibuixar l'animal.

Q Pàgines 19 i 20

Mapa conceptual
Autoavaluació W

HEM APRÈS

27 Llegiu aquest text amb atenció.

La reintroducció dels óssos bruns

Durant el segle XX, els óssos van desaparèixer pràcticament de Catalunya. L'any 1996, va començar la reintroducció dels óssos, per intentar repoblar-ne els Pirineus. Es van portar óssos d'Eslovènia, que es van alliberar amb l'esperança que es reproduïssin. Aquesta reintroducció va ser molt debatuda. Alguns hi veien molts perills, mentre que d'altres ho veien amb bons ulls.

- Exposeu què en penseu vosaltres d'aquest tema. Creieu que és perillós o que està bé?
- Abans d'opinar, cal que us informeu. Per fer-ho, elaboreu una llista d'avantatges i inconvenients de la reintroducció de l'ós bru. Podeu consultar:

www.e-cruïlla.cat/osbru01 www.e-cruïlla.cat/osbru02

A la web de DEPANA, fixeu-vos sobretot en les 10 qüestions sobre l'ós i el debat sobre els óssos.

www.e-cruïlla.cat/depana

- Jugueu també al joc «Descobrint l'ós bru del Pirineu».

www.e-cruïlla.cat/descobrintosbru

28 Reflexioneu:

- **Abans de començar penseu si...** Heu entès què heu de fer? Quins passos heu de fer?
- **Atureu-vos a mitja feina i penseu si...** Heu trobat la informació que necessiteu? Teniu dubtes? Com els podeu solucionar?
- **Valoreu com ho heu fet:** Com valoreu el resultat final de la feina? Quina part de la tasca us ha resultat més difícil? Com l'heu resolt?

3 GEOGRAFIA FÍSICA DE CATALUNYA

Relleu, clima, rius, vegetació i paisatges

Viatge virtual

PENSEM i PARLEM

1 Observeu la fotografia de Catalunya de la pàgina anterior feta per un satèl·lit de la NASA. Comenteu amb tota la classe tot el que sabeu sobre el relleu, el clima, els rius i la vegetació de Catalunya. Us poden orientar les preguntes següents:

- Què poden ser les taques blanques de la foto? On se situen? Quin temps hi deu fer?
- I les taques de color verd? Què indiquen? Diríeu que a Catalunya hi ha molta vegetació o poca? On se situa majoritàriament?
- A la costa, hi observeu fenòmens especials? Quin?
- Identifiqueu alguna unitat de relleu? Quina?

2 Penseu en un paisatge que recordeu bé. Pot ser d'un lloc on heu anat de vacances o de colònies o d'excursió; pot ser d'un lloc que veieu sovint quan aneu a visitar un familiar o el metge, o quan aneu a comprar a una altra localitat, etc.

Quan anem d'excursió amb els pares o l'escola podem descobrir paisatges que no coneixem.

Quan estem de vacances podem conèixer paisatges nous.

- Sabríeu dir on és? A quina comarca es troba?
- És en una plana, a la muntanya o a la costa? Quins elements del relleu s'hi poden identificar?
- Hi ha algun riu o estany? Com es diu?
- Quin temps hi sol fer? Hi fa molta o poca calor? Hi plou molt o poc? Hi fa molt de vent o no gaire?
- Com és la vegetació? Coneixeu els arbres i arbustos que hi ha?

3 Què sabeu sobre la geografia física de Catalunya? Ompliu una taula com aquesta amb tota la informació que coneixeu:

Relleu	Clima	Xarxa hidrogràfica	Vegetació

4 Treballeu les paraules clau de la unitat que apareixen en aquesta il·lustració seguint els passos que hi ha a sota:

1. Classifiqueu les paraules en conegudes i desconegudes.
2. Després poseu la classificació en comú amb la resta de companys.
3. Inventeu frases amb les paraules que ja coneixeu.
4. Feu quadrants de vocabulari per a cada paraula que no conegueu.

5 Observeu el mapa conceptual següent i amplieu-lo.

LA GEOGRAFIA FÍSICA

de

CATALUNYA

presenta

- TRES GRANS UNITATS DE RELLEU
- DIFERENTS TIPUS DE CLIMES
- DUES XARXES HIDROGRÀFIQUES
- DIFERENTS TIPUS DE VEGETACIÓ
- CINC TIPUS DE PAISATGES

6 Dibuixeu un mapa de Catalunya i situeu-hi les unitats de relleu principals i els rius més importants de Catalunya.

- Al final d'aquesta unitat us tornareu a mirar el mapa que heu fet i, amb tot el que haureu après, fareu les correccions que calguin.

Aprendrem...

- A conèixer les característiques del clima, el relleu, els rius i la vegetació de Catalunya.
- A elaborar i interpretar un climograma.
- Que l'aigua és un bé escàs i que cal fer-ne un ús i un consum responsable.
- A veure i escoltar un vídeo de manera activa.

Per poder...

- Situar i descriure els diferents paisatges naturals que hi ha a Catalunya.
- Elaborar i interpretar el climograma de la nostra localitat.
- Aconsellar maneres d'estalviar aigua.
- Prendre apunts a partir d'una explicació audiovisual.

EL RELLEU DE CATALUNYA

Observem la diversitat de relleu de Catalunya

El relleu del territori de Catalunya és força variat i està definit per tres grans unitats de relleu: els Pirineus, la Depressió Central i el Sistema Mediterrani.

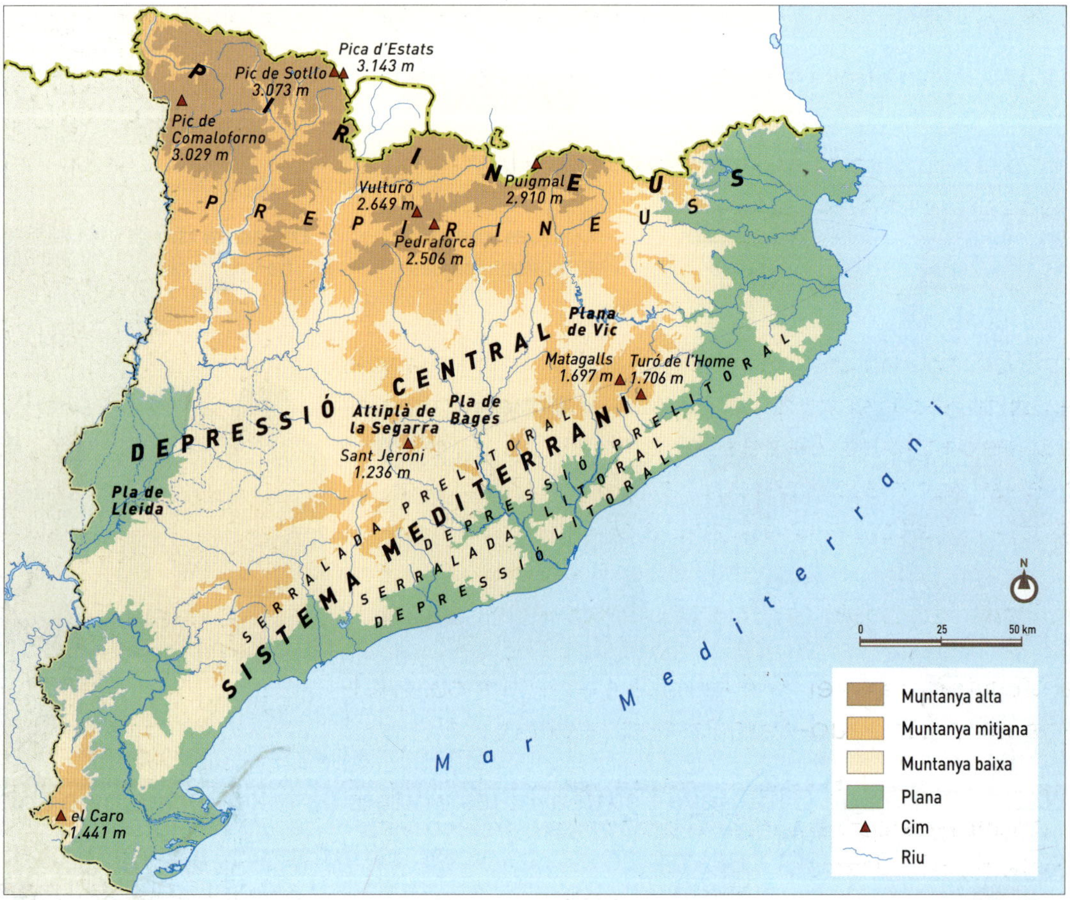

La superfície de la Terra no és tota plana, sinó que té formes diferents. Hi ha unes parts més elevades que altres. Aquesta varietat de formes que té la superfície de la Terra s'anomena **relleu**.

Els **mapes físics** representen el relleu vist des de dalt. Per marcar el relleu utilitzem colors diferents i altres símbols.

La **llegenda** d'un mapa ens informa del significat dels colors, les línies i els símbols:

- Els **colors** ens informen de les formes del relleu. Segons les altituds els colors són diferents.
- Les **línies** representen els rius i els límits del territori.
- Els **símbols** indiquen elements diversos del paisatge: les muntanyes més altes, els ports...

7 Observeu el mapa del relleu de Catalunya i identifiqueu-ne les tres grans unitats de relleu. Expliqueu-ne les característiques a partir de la llegenda.

Les tres grans unitats de relleu

Els Pirineus

Els Pirineus són un conjunt de serralades d'origen alpí que recorren tota una franja al nord del país. Es classifiquen en:

- Els Pirineus: són els cims més alts, que hi ha al nord de la serralada.
- Els Prepirineus: són les muntanyes del sud de la serralada, més baixes que les dels Pirineus.

La Vall de Boí és un territori pirinenc rodejat d'altes muntanyes.

La Depressió Central

La Depressió Central és una gran plana en forma de triangle que s'estén entre els Prepirineus i les serralades costaneres. Són terres gairebé planes, barrejades amb altiplans i tallades pels rius que les han creat, com ara l'altiplà de la Segarra, el pla de Bages, el pla de Lleida i la plana de Vic.

A l'altiplà de la Segarra hi ha camps extensos de cereals.

El Sistema Mediterrani o serralades costaneres

El Sistema Mediterrani és el territori que s'estén en paral·lel a la costa de nord-est a sud-oest i està format per:

- La Serralada Prelitoral: pics de l'interior entre la Depressió Central i la Depressió Prelitoral. Hi trobem els cims més alts del Sistema Mediterrani.
- La Depressió Prelitoral: fossa entre les serralades Prelitoral i Litoral
- La Serralada Litoral: franja muntanyosa paral·lela a la costa. Els cims són d'una altitud moderada.
- La Depressió Litoral: territori situat entre la Serralada Litoral i el mar a les comarques del Baix Llobregat, el Barcelonès i el Maresme.
- La costa catalana: té una llargada de 550 km aproximadament. Hi diferenciem les costes altes (al nord) i les costes baixes (al sud).

La Costa Daurada és un territori ric i variat, amb un litoral ampli molt poblat i un interior amb camps de conreu.

> Les tres unitats bàsiques del relleu de Catalunya són: els Pirineus, la Depressió Central i el Sistema Mediterrani.

8 Digueu a quina de les tres unitats de relleu de Catalunya pertany la vostra comarca i expliqueu-ne les característiques.

Q Pàgina 21

EL CLIMA A CATALUNYA

Observem la diversitat climàtica a Catalunya

A Catalunya, com a conseqüència del relleu variat, hi ha diferents tipus de climes.

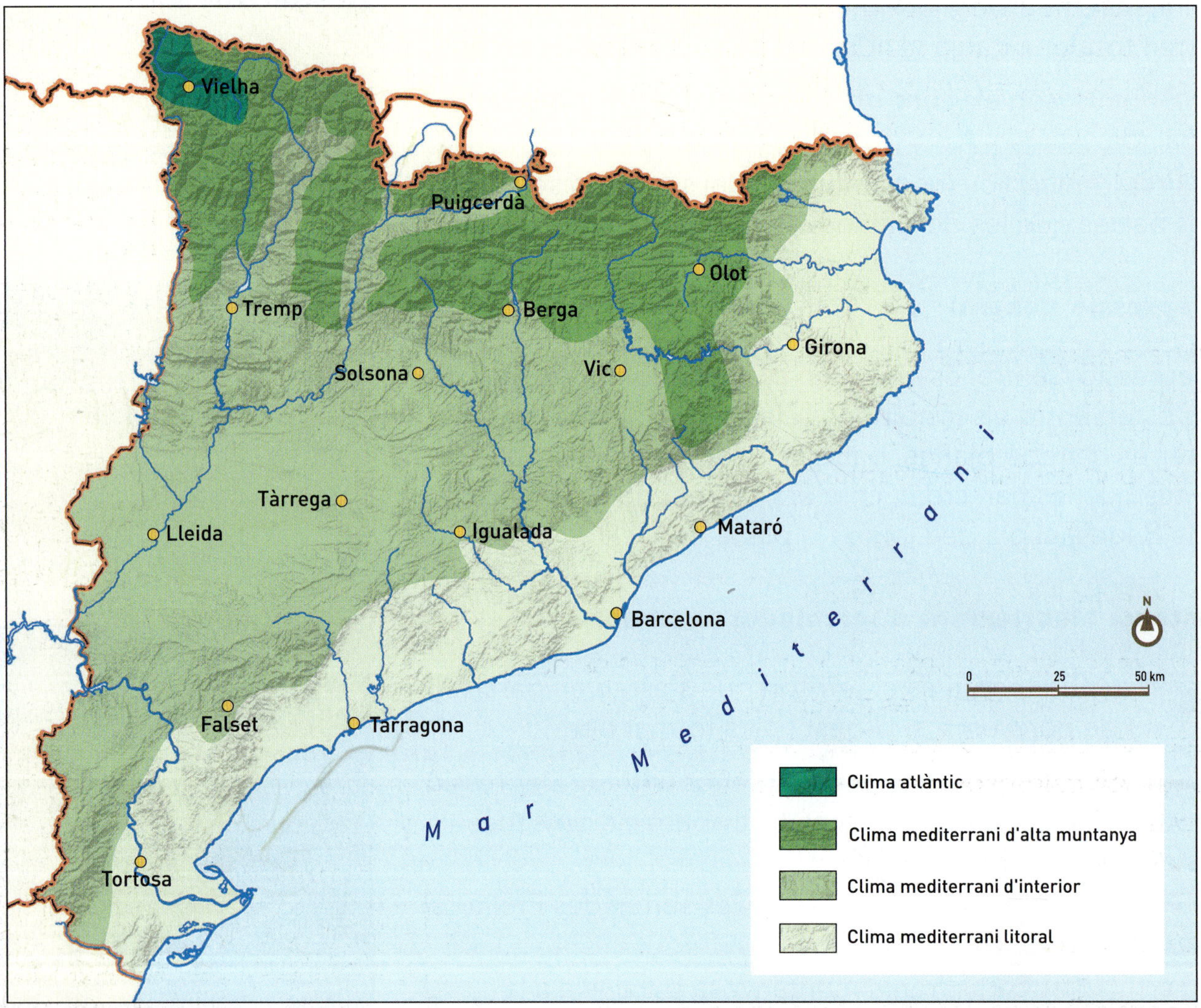

El **clima** és el conjunt de fenòmens atmosfèrics característics d'un territori i que s'ha mantingut de manera similar al llarg de molts anys. Aquests fenòmens atmosfèrics són:

- La **temperatura**, que és la quantitat de calor que fa en un indret.
- Les **precipitacions**, que són la quantitat d'aigua que cau en un lloc.
- El **vent**, que és el moviment de l'aire.

9 Debateu i anoteu en una taula quins fenòmens atmosfèrics (temperatura, precipitacions i vent) deuen ser els més característics de cada zona climàtica. Al final, compartiu-ho amb els companys, i justifiqueu-ho amb exemples.

Els diversos climes de Catalunya

El clima atlàntic

El clima atlàntic afecta només la Val d'Aran. Es caracteritza pels estius frescos i els hiverns freds. L'arribada de vents humits de l'Atlàntic origina pluges abundants durant tot l'any, a l'hivern en forma de neu.

A la Val d'Aran les temperatures són més suaus que a altres indrets dels Pirineus catalans, i les precipitacions es distribueixen regularment al llarg de l'any.

El clima mediterrani d'alta muntanya

El clima mediterrani d'alta muntanya es localitza als Pirineus i als Prepirineus. Els estius són força frescos i els hiverns, molt freds. Abunden les precipitacions, la major part de l'any en forma de neu.

El clima dels Pirineus és de muntanya, amb unes precipitacions elevades i unes temperatures baixes.

El clima mediterrani d'interior

El clima mediterrani d'interior o continental es dóna a la Depressió Central. Les temperatures presenten un gran contrast al llarg de l'any, amb hiverns freds i estius molt calorosos. Les precipitacions són molt escasses.

El clima de la Depressió Central presenta unes temperatures molt càlides a l'estiu i notablement fredes a l'hivern.

El clima mediterrani litoral

El clima mediterrani litoral es localitza a la franja costanera. Les temperatures de la primavera i la tardor són suaus, els estius són càlids i els hiverns, no gaire freds. Les precipitacions més abundants cauen a la primavera i sobretot a la tardor.

El mar Mediterrani regula el clima de la franja costanera.

i A Catalunya hi ha quatre tipus de clima: l'atlàntic, el mediterrani d'alta muntanya, el mediterrani d'interior i el mediterrani litoral.

10 Descriviu les característiques del tipus de clima de la vostra comarca.

Q Pàgina 22

W Per saber-ne més

ELS RiUS DE CATALUNYA

Examinem el curs i la vida d'un riu

Tots els rius que passen per Catalunya desemboquen al mar Mediterrani, llevat de la Garona que ho fa a l'oceà Atlàntic.

Els **rius** són corrents d'aigua que neixen a les muntanyes, creixen amb l'aigua que prové de la pluja o d'altres rius i desemboquen al mar o en un altre riu.

Els rius tenen un paper fonamental tant en el modelat del relleu com en la història dels pobles: són vies de penetració, rutes comercials, barreres..., **camins de vida**, en definitiva.

11 Cerqueu un mapa del riu Noguera Pallaresa i esbrineu on neix, on aboca les aigües, on desemboca i a quina xarxa hidrogràfica pertany.

- Creieu que és un dels rius més importants de Catalunya? Esbrineu quin és el seu cabal.
- Per quines comarques passa el Noguera Pallaresa? Feu una llista de les localitats principals per on passa aquest riu.

Les dues grans xarxes hidrogràfiques

Els rius catalans s'agrupen en dues xarxes hidrogràfiques: la xarxa de l'Ebre i la xarxa mediterrània.

L'Ebre és el riu més cabalós de la península Ibèrica i l'únic gran riu peninsular que desemboca al mar Mediterrani.

Xarxa de l'Ebre

Està formada pel riu Ebre, l'eix principal, i els seus afluents: el Segre, la Noguera Pallaresa, la Noguera Ribagorçana, etc. Com que aquests afluents neixen als Pirineus, on plou o neva molt, porten aigua tot l'any.

Xarxa mediterrània

Està formada per tots els rius que desemboquen al Mediterrani, llevat de l'Ebre. Hi diferenciem els rius que neixen:

- Als Pirineus: la Muga, el Fluvià, el Ter i el Llobregat. Tenen un cabal d'aigua força regular, excepte a l'estiu, que és quan plou menys.
- Al Sistema Mediterrani: la Tordera, el Besòs, el Foix, el Gaià i el Francolí. Aquests rius porten poca aigua, però amb les pluges de la tardor poden patir crescudes sobtades o riuades.

Els llacs i els pantans

Els llacs naturals catalans, com que tenen una extensió reduïda, s'anomenen estanys. Hi ha estanys de muntanya, formats per la fosa de la neu, com l'estany de Sant Maurici, i estanys litorals, a la desembocadura d'alguns rius, com els Aiguamolls de l'Empordà. També n'hi ha que acumulen aigües d'origen subterrani, com el de Banyoles.

Els pantans són llacs artificials que es construeixen al llarg del curs d'alguns rius.

L'estany de Sant Maurici al parc natural d'Aigüestortes, l'únic parc nacional de Catalunya.

Catalunya té dues grans xarxes hidrogràfiques que aboquen l'aigua al Mediterrani: la xarxa de l'Ebre i la xarxa mediterrània.

12 Hi passa algun riu per la vostra comarca? A quina xarxa hidrogràfica pertany?

Q Pàgina 23

W Per saber-ne més

LA VEGETACIÓ A CATALUNYA

Investiguem la diversitat de vegetació

A Catalunya, com a conseqüència de la diversitat climàtica i de relleu, hi ha diferents tipus de vegetació.

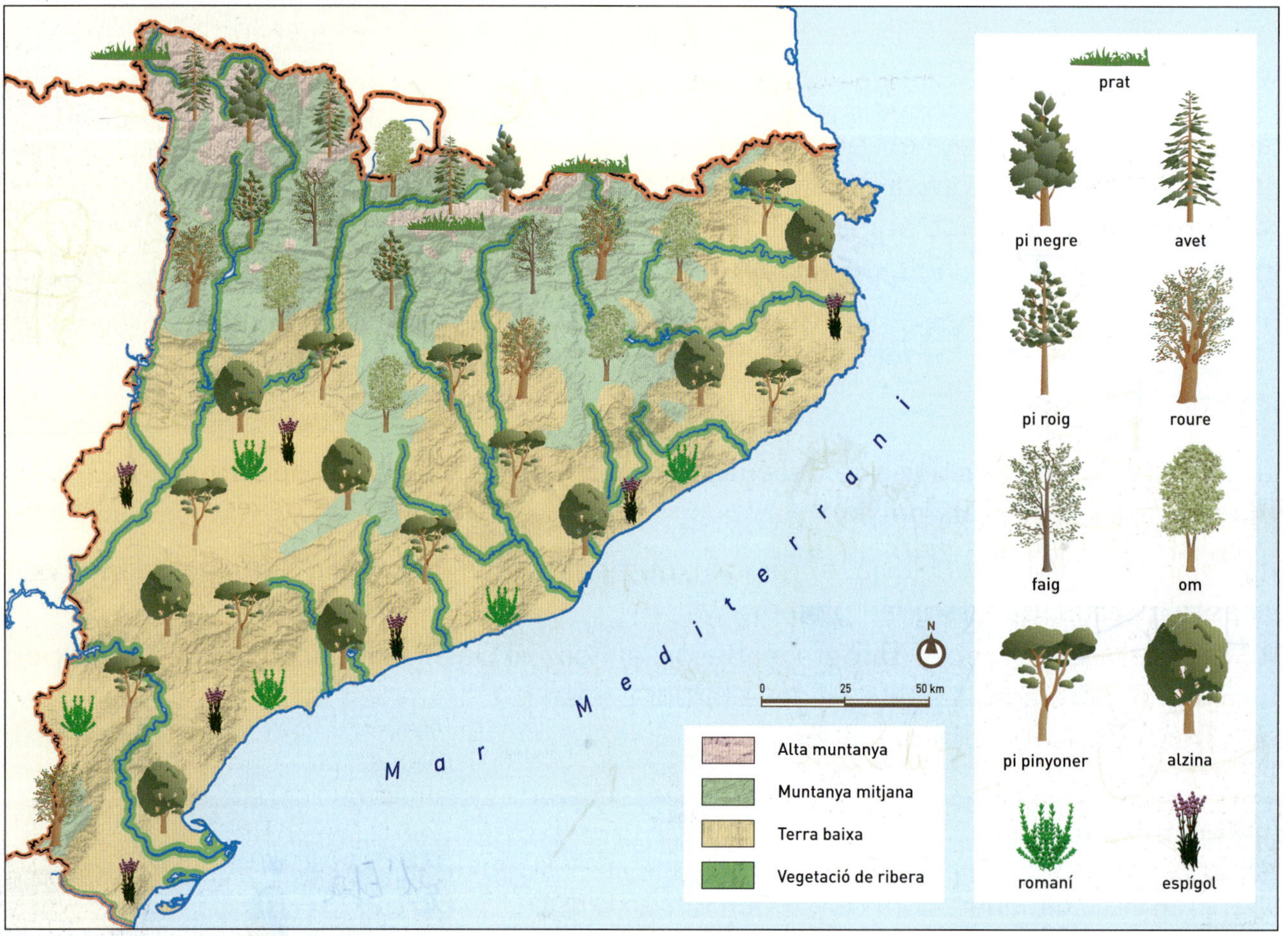

La **vegetació** és el conjunt de plantes i arbres que creixen en un territori. Pot ser més densa o més esclarissada, en funció del tipus de sòl, del clima i de l'explotació humana a què hagi estat sotmesa.

La vegetació no és uniforme, sinó que s'agrupa en unitats ben diferenciades com ara les pinedes, les fagedes, els prats, els camps de conreu, etc.

13 Contesteu:

a) Quins són els arbres que creixen a més altitud a Catalunya?
b) Quin tipus de pi hi ha a les terres baixes? On predominen els arbres de fulla caduca? A partir de quina altitud hi ha avets?
c) Quina relació té la vegetació d'un lloc amb el clima? I amb l'altitud?
d) Quin tipus de vegetació és pròpia del lloc on vius?

Els tipus de vegetació de Catalunya

Segons l'altitud de l'indret on creix, la vegetació es classifica en:

Vegetació d'alta muntanya

Formada per prats, plantes i arbres de fulla perenne que creixen per sobre de 1.600 m.
Arbres: pi negre, pi roig, avet.
Arbustos: bruguerola, bruc, ginebró...

Avet.

Pollancre.

Vegetació de ribera

Es troba a la riba dels rius i dels estanys.
Arbres: salze, àlber, vern, om i pollancre...

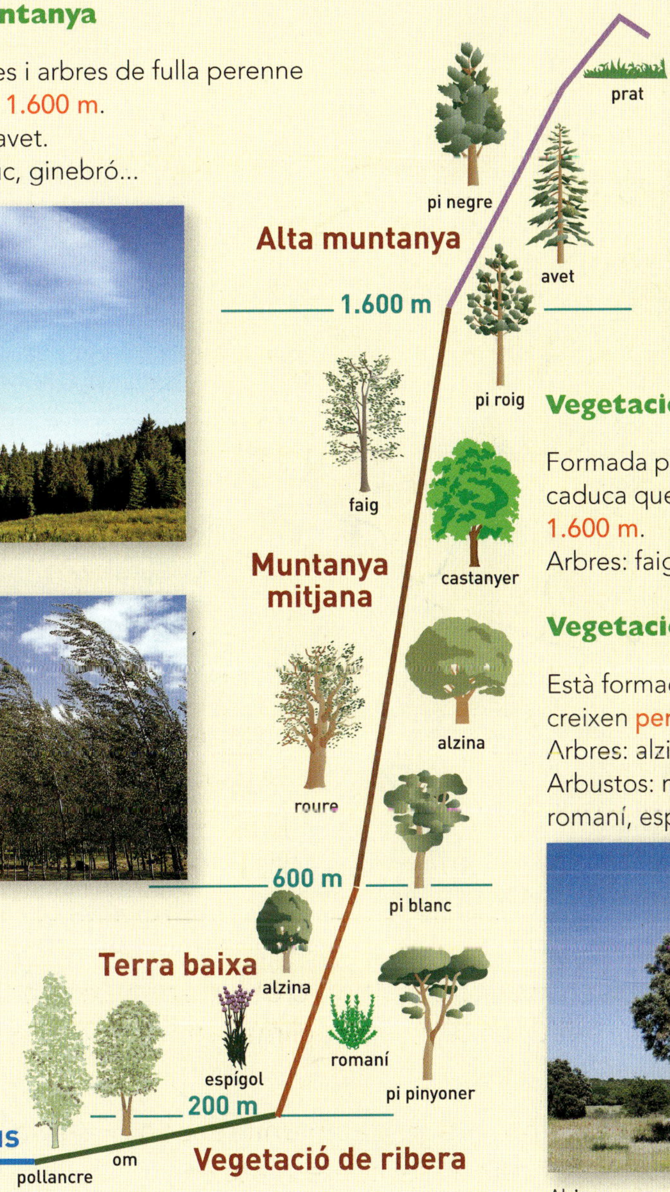

Faig.

Vegetació de muntanya mitjana

Formada per plantes i arbres de fulla caduca que creixen entre els 600 i els 1.600 m.
Arbres: faig, castanyer, alzina i roure.

Vegetació de terra baixa

Està formada per arbres i arbustos que creixen per sota dels 600 m.
Arbres: alzina i pi pinyoner.
Arbustos: margalló, esbarzer, garric, romaní, espígol, farigola, ginesta...

Alzina.

A Catalunya hi ha quatre tipus de vegetació: d'alta muntanya, de muntanya mitjana, de terra baixa i de ribera.

14 Feu un àlbum de la vegetació de Catalunya, amb una fitxa científica per a cada un dels arbres i arbustos anteriors.

Q Pàgina 24

W Per saber-ne més

ELS PAISATGES NATURALS

Admirem la diversitat de paisatges a Catalunya

Tot i que Catalunya ocupa un territori relativament petit, té una gran diversitat paisatgística. El paisatge d'un territori, el conformen el relleu, el clima, els rius, els llacs, el mar i la vegetació.

15 Analitzeu detingudament la il·lustració anterior, relacioneu les activitats que hi podeu veure amb paisatges concrets de Catalunya que conegueu, i penseu arguments a favor de la necessitat de conservar aquesta diversitat paisatgística.

Els paisatges naturals de Catalunya

La varietat d'elements que es dóna a Catalunya, configura una diversitat de paisatges naturals que podem classificar en:

Paisatges muntanyencs

Els Pirineus, el Prepirineu i el Montseny, les serralades Litoral i Prelitoral, i muntanyes i turons de diferents altures.

Paisatges de les grans planes

Les depressions Central, Litoral i Prelitoral, i les planes de Lleida, Vic, l'Urgell i l'Empordà.

Paisatges marítims

Al llarg de tota la costa, de nord a sud: la Costa Brava, la Costa del Maresme, la Costa del Garraf i la Costa Daurada.

Paisatges volcànics

La zona volcànica de la Garrotxa a Olot i la de la Selva a Maçanet de la Selva.

Paisatges fluvials

Aquests paisatges són molt diversos, depenen del relleu que travessin els rius.

Els paisatges naturals a Catalunya són: paisatges muntanyencs, de les grans planes, marítims, volcànics i fluvials.

El cim de les Agulles, al parc natural del Montseny.

Vista aèria de Vic i la plana, a la Depressió Central.

La Costa Brava és plena de cales petites envoltades de vegetació.

Vista aèria del volcà Montsacopa, al pla d'Olot.

El riu Segre, afluent de l'Ebre, al seu pas per Ponts.

16 L'activitat de les persones fa que els paisatges naturals canviïn, de forma positiva o de forma negativa. Debateu i responeu:

- Com ha canviat el paisatge de la vostra comarca al llarg del temps per l'acció humana?
- Què en destacaríeu de beneficiós? I de negatiu?

Q Pàgina 25

Elaborem un climograma

Per poder visualitzar i saber l'evolució anual de les temperatures i les pluges d'un indret farem un climograma.

Un climograma és una representació gràfica de les temperatures i les precipitacions mitjanes de cada mes d'un lloc concret durant tot un any.

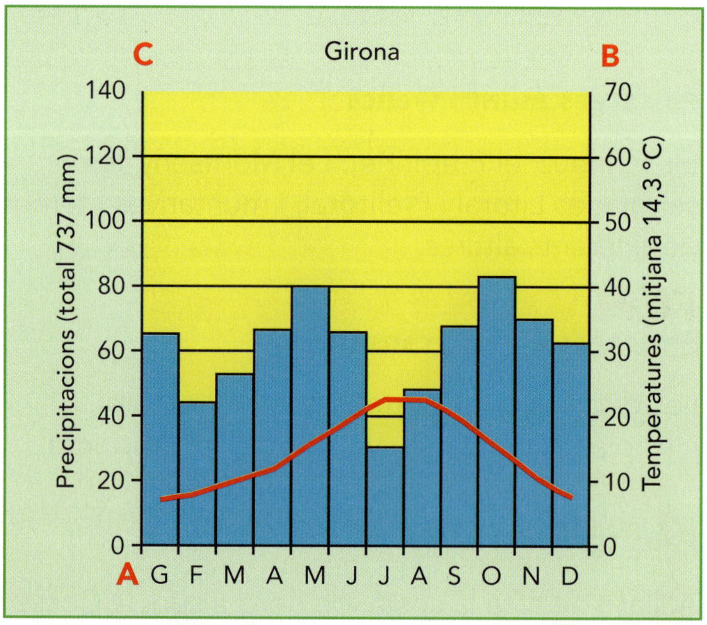

Necessitem:

- Un full mil·limetrat.
- Retoladors de color negre, vermell i blau.

Passos a seguir:

1. Recollim les dades de la temperatura i les precipitacions de la nostra localitat en una taula.
2. Dibuixem els tres eixos:
   a) L'eix horitzontal (A): representa el temps durant tot un any. Per tant, es divideix en dotze parts iguals, una per a cada mes. A sota de cadascuna de les parts, s'escriu la inicial del mes.
   b) L'eix vertical de la dreta (B): s'hi registren les temperatures mitjanes de cada mes. Es representen amb punts que es corresponguin amb les temperatures escrites a la dreta. Al final, s'uneixen tots els punts amb una línia vermella.
   c) L'eix vertical de l'esquerra (C): s'hi representen les precipitacions amb una barra de color blau per a cada mes. L'altitud de la barra arriba fins als mm corresponents dels escrits a l'esquerra del gràfic.
3. Representem les temperatures i les precipitacions de cada mes. Calculeu el total de precipitacions i la temperatura mitjana.
4. Analitzem el resultat per esbrinar el tipus de clima.

W Taller d'experimentació

17 Elaboreu un climograma d'una localitat catalana que no sigui la vostra i que pertanyi a un altre tipus de clima. Un cop fet, compareu els dos climogrames i responeu:

a) A quina localitat plou més? En quins mesos de l'any?
b) Quins són els mesos més calorosos? I els més freds? Quines temperatures més altes s'hi assoleixen? I més baixes?
c) A quin tipus de clima de Catalunya pertany cadascuna de les dues localitats?

FEM UN MÓN MILLOR

Siguem conscients que l'aigua és un bé escàs

Només una part molt petita de l'aigua de la terra resulta disponible per als éssers vius terrestres.

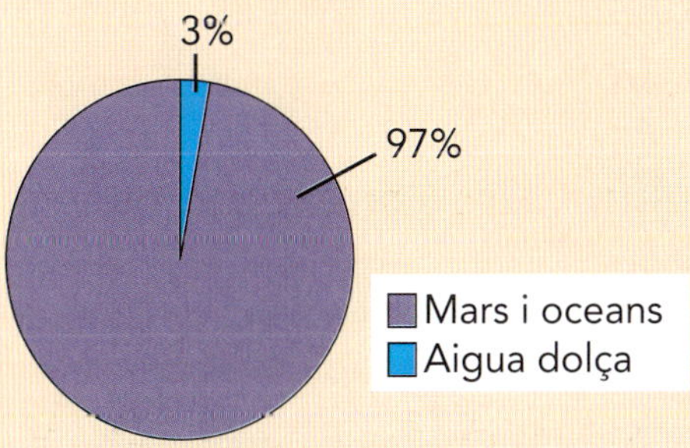

Total d'aigua

Aigua dolça de la Terra

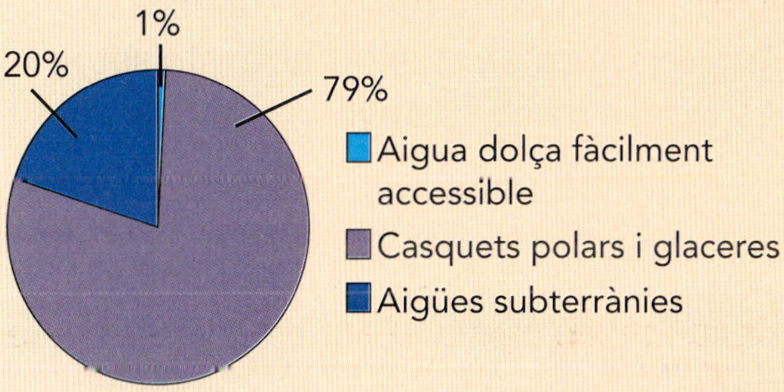

Només un 1% de l'aigua dolça es troba en forma de rius, deus i llacs, i és de fàcil accés.

L'**aigua dolça** que necessitem els humans per viure és una part molt petita del total d'aigua disponible al planeta.

Hi ha territoris del planeta en els quals la **disponibilitat** d'aquest bé tan preuat és un veritable problema per a la població. En canvi, en d'altres, es disposa d'aigua a dojo i sovint no som conscients d'aquest privilegi.

És molt important que prenguem consciència del **valor** que té l'aigua que consumim i aprenguem a fer-ne un **ús** i un **consum responsable**.

18 En format de full informatiu, elaboreu un decàleg que expliqui de quines maneres es pot estalviar aigua.

Q Pàgina 26

Interpretem mapes a partir de la llegenda

Ens organitzarem en **grups** de quatre per visitar diferents paisatges de Catalunya en transport públic, i haurem d'interpretar correctament les llegendes d'una sèrie de mapes. Dissenyarem un recorregut i utilitzarem una tècnica de **treball cooperatiu**.

Tècnica cooperativa «1, 2, 4»

1. Cadascú individualment pensa quina és la resposta correcta a la tasca.
2. Els membres del grup formen dues parelles per intercanviar i comentar les respostes.
3. Tot el grup acorda quina és la resposta més adequada i redacta la resposta definitiva.

19 Decidiu, cada grup, el trajecte que seguireu per visitar aquests set paisatges de Catalunya:

- El parc natural d'Aigüestortes.
- La Costa Brava.
- La muntanya de Montserrat.
- El massís del Garraf.
- La plana d'Urgell.
- El Priorat històric.
- El Delta de l'Ebre.

Per anar d'un lloc a un altre heu de tenir en compte les línies de tren o autobús, els transbords, els noms de les estacions o parades, la xarxa de carreteres i les diferents opcions de transport (si n'hi ha).

20 Com ha anat el treball cooperatiu?

- Heu estat capaços de resoldre tots junts les activitats?
- Cadascú ha fet la feina que li tocava dins del grup?
- Tots els membres del grup heu participat de la mateixa manera?

Zona Clic

Català | Matemàtiques | Ciències | Música | Castellà

Observem i analitzem un vídeo a Youtube

Analitzarem el curs d'un riu a partir d'un vídeo penjat a Youtube. Aquest és un lloc web en el qual els usuaris poden pujar i compartir vídeos. És molt útil per descobrir i aprendre sobre molts temes.

1r

Visionem el vídeo una primera vegada a:

www.e-cruilla.cat/cursriu

2n

Llegim detingudament les qüestions que planteja la pauta d'observació sobre:

a) El vocabulari clau en relació als rius.

b) Les parts en què es divideix el curs d'un riu.

c) Les característiques de cada una d'aquestes parts.

d) Els fenòmens més habituals que s'hi donen.

3r

Mirem el vídeo per segona vegada, ens aturarem a cada bloc d'informació i prendrem notes sobre les diferents qüestions de la pauta.

4t

Comparem i contrastem les notes amb la resta de companys.

5è

Compartim les dades amb una posada en comú de tota la classe.

Feu un resum del contingut del vídeo a partir de les notes que heu pres en la vostra pauta d'observació.

W Zona clic

HEM APRÈS

La geografia física de **Catalunya** presenta

- **Tres grans unitats de relleu** que són:
  - els Pirineus
  - la Depressió Central
  - el Sistema Mediterrani
- **Diferents tipus de climes** que són:
  - l'atlàntic
  - el mediterrani d'alta muntanya
  - el mediterrani d'interior
  - el mediterrani litoral
- **Dues xarxes hidrogràfiques** que són:
  - la xarxa de l'Ebre
  - la xarxa Mediterrània
- **Diferents tipus de vegetació** que són:
  - d'alta muntanya
  - de muntanya mitjana
  - de terra baixa
  - de ribera
- **Cinc tipus de paisatges** que són:
  - muntanyencs
  - de les grans planes
  - marítims
  - volcànics
  - fluvials

21 En equips de quatre, jugueu al *memory* amb el vocabulari clau de la unitat. Es tracta d'aconseguir el major nombre de parelles de targetes de paraules clau i la definició corresponent.

22 En un mapa de Catalunya:

- Situeu les tres grans unitats de relleu.
- Pinteu les quatre zones climàtiques.
- Dibuixeu el curs dels rius principals.
- Marqueu les quatre zones de vegetació.
- Situeu els set paisatges que heu recorregut a l'espai cooperatiu.

Q Pàgines 27 i 28

Mapa conceptual
Autoavaluació W

HEM APRÈS

23 Elaboreu una maqueta de les unitats de relleu i la xarxa hidrogràfica de Catalunya:

- Feu grups i trieu entre tots quins elements de relleu i quins rius són els més representatius de Catalunya. Podeu consultar el llibre, les activitats, enciclopèdies, Internet... per tal que la maqueta s'ajusti a la realitat.
- Fixeu-vos en les fotografies i decidiu els materials i la tècnica que utilitzareu per a la construcció. Podeu utilitzar plastilina, materials reciclables, etc.
- Tingueu en compte que els diferents elements físics geogràfics han d'estar ben retolats (serralades, muntanyes, planes, depressions, rius, llacs...).
- Feu una exposició de les maquetes.

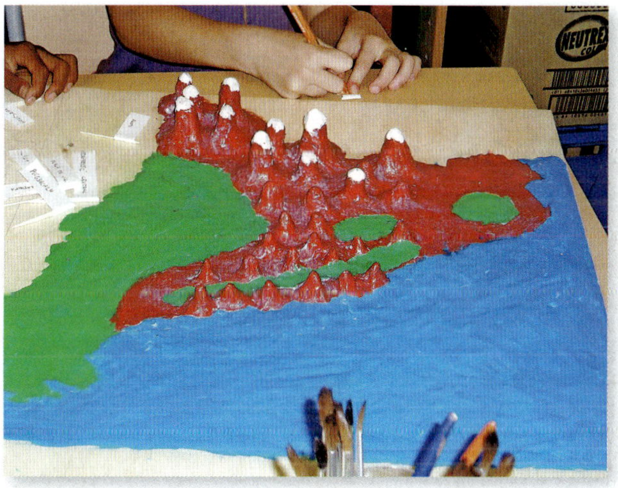

24 Reflexioneu:

- **Abans de començar penseu...** Com ho podeu fer? Us heu organitzat la feina? Què necessiteu?
- **Atureu-vos a mitja feina i penseu si...** Ho esteu fent bé? Com ho podeu comprovar? Heu de fer canvis?
- **Valoreu com ho heu fet:** Heu comprovat que no us hàgiu deixat cap element? Com i on ho heu comprovat?

¡IMAGINEM-NOS CATALUNYA D'AQUÍ 50 ANYS

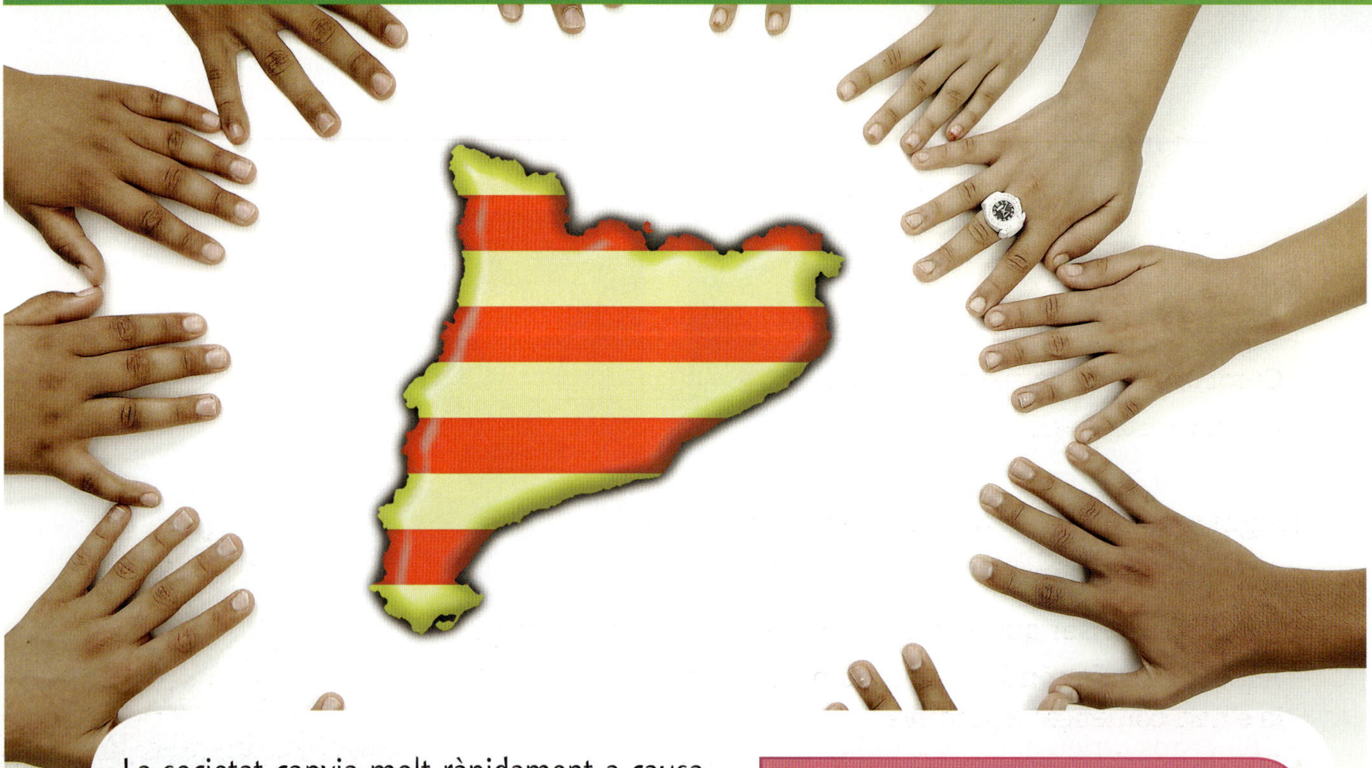

La societat canvia molt ràpidament a causa dels avenços científics i tecnològics i també a causa de les noves necessitats, a les quals s'han d'adaptar les persones que viuen en un territori determinat. Us atreviu a fer una predicció de com serà Catalunya d'aquí a 50 anys?

Què necessiteu

- Un atles de Catalunya
- Paper, colors, llapis...
- Enciclopèdies i llibres sobre el tema
- Un ordinador connectat a Internet

Com ho fareu

1r Si no en teniu, heu de crear l'espai on penjareu el treball:

- Un blog.
- Una pàgina web.

2n Decidiu quins aspectes voleu recollir sobre Catalunya:

- Com serà la població i com es distribuirà en el territori.
- Com seran urbanísticament els pobles i ciutats.
- Quins canvis hi haurà en les comunicacions.
- Com s'organitzarà políticament.
- ...

3r Organitzeu la feina que haureu de fer:

- Cercar informació i imatges de suport.
- Acordar les idees que voleu transmetre.
- Redactar els textos.
- Revisar i introduir els textos a l'ordinador.
- Compondre visualment la pàgina.
- Fer la revisió final.

4t Tingueu present que haureu d'argumentar les vostres afirmacions:

- Què us fa pensar que es produiran els canvis que heu triat?
- Aquests canvis són idea vostra o n'heu sentit a parlar? Ja s'han començat a produir?
- Són versemblants o no els canvis que proposeu?

5è Elaboreu el treball en el format que heu decidit.

6è Feu una presentació del treball a la resta de la classe.

La gran pregunta

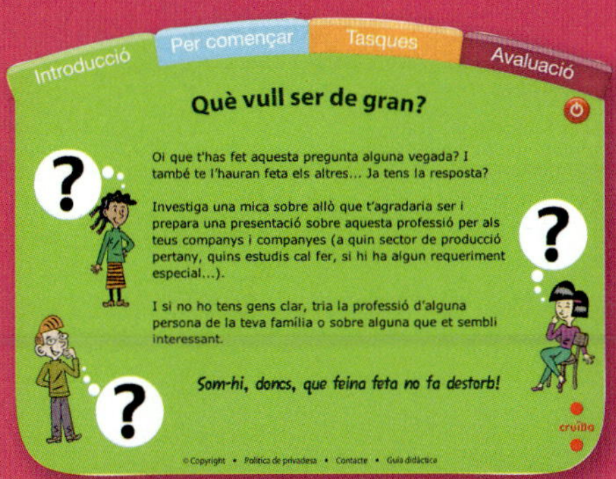

Què vull ser de gran?

Heu fet una mirada de futur col·lectiva respecte a Catalunya. Ara, amb aquesta gran pregunta, es tracta de fer una mirada de futur més individual i personal sobre quina professió us imagineu que us agradaria fer quan sigueu grans.

4 EL MÓN DE LES PLANTES

Funcions vitals i adaptació al medi

Viatge virtual

PENSEM I PARLEM

1 El roure que surt a la fotografia de la pàgina anterior té molts anys i s'ha fet molt gran: va començar sent un petit plançó i ha anat creixent i creixent.

Un jove roure comença a aixecar-se al mig del bosc.

Uns anys més tard, el petit roure ja té forma d'arbre.

Amb el temps, aquella fràgil branqueta del principi es converteix en un arbre imponent.

- Què ha passat durant aquests anys?
- Com és que aquest arbre ha crescut tant?
- Aquest arbre ha fet alguna cosa relacionada amb les funcions vitals? Per què?

2 Ompliu la graella per contestar quines són les necessitats que té una tomaquera per créixer i donar fruit. Baseu-vos en la vostra experiència prèvia amb l'hort escolar o les plantes de casa.

Llum	Aigua	Nutrients	Temperatura

ORGANiTZEM EL QUE SABEM

3 Les plantes són éssers vius pluricel·lulars, formats per moltes cèl·lules, i com a éssers vius fan les tres funcions vitals: nutrició, relació i reproducció. Ara bé, les plantes fan aquestes funcions com els altres éssers vius? Justifiqueu la resposta.

Les arrels absorbeixen l'aigua i els nutrients de la terra.

Quan arriba el fred, a la tardor, les fulles d'alguns arbres canvien de color i cauen a terra.

Les abelles recullen el pol·len de les flors i l'escampen per altres flors: les pol·linitzen i els permeten reproduir-se.

4 Treballeu les paraules clau de la unitat que apareixen en aquesta il·lustració seguint els passos que hi ha a sota:

1. Classifiqueu les paraules en conegudes i desconegudes.
2. Després poseu la classificació en comú amb la resta de companys.
3. Inventeu frases amb les paraules que ja coneixeu.
4. Feu quadrants de vocabulari per a cada paraula que no conegueu.

5 Analitzeu el mapa conceptual següent i intenteu trobar les relacions existents entre les funcions vitals i les diferents estructures de les plantes.

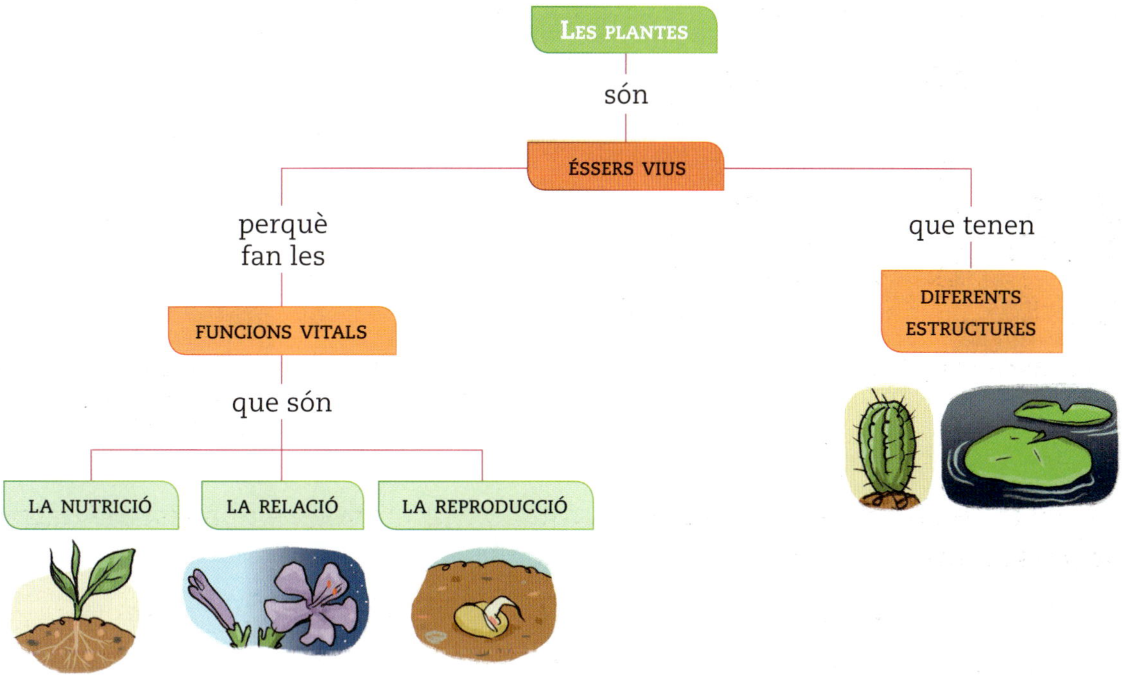

6 Feu un dibuix d'un arbre i indiqueu amb fletxes què hi entra i què en surt. Podeu posar noms i petites explicacions en el dibuix.

- Al final d'aquesta unitat, us tornareu a mirar el dibuix que heu fet i, amb tot el que haureu après, hi fareu les correccions que calgui.

Aprendrem...

- A identificar les característiques de les plantes.
- A reconèixer les funcions vitals en les plantes.
- A relacionar la forma i la funció de les plantes.
- Que les abelles són fonamentals a la natura.
- A descriure fulles acuradament.
- Els passos d'un experiment.

Per poder...

- Diferenciar les plantes d'altres organismes.
- Entendre com funcionen les plantes.
- Explicar com són les plantes segons el medi on viuen.
- Respectar les abelles i preservar els seus hàbitats.
- Fer una clau de classificació de fulles.
- Fer un informe de pràctiques.

LES PLANTES SÓN ÉSSERS VIUS

Comparem les plantes amb els altres éssers vius

Quan mirem el nostre entorn ens és fàcil identificar els éssers vius que ens envolten i diferenciar quins d'aquests éssers vius són plantes i quins no ho són. De vegades, però, no és tan fàcil diferenciar-los.

Insecte fulla.

Plantes de farigola.

Conjunt d'algues.

Cactus amb flor.

Alga a l'oceà.

Cactus *Lithops*.

Grup de posidònies.

Corall blanc.

Planta carnívora.

7 Contesteu aquestes preguntes:

- Heu identificat quines dues fotografies són de plantes?
- Què us ha ajudat a distingir-les dels altres éssers vius?
- Què creieu que tenen en comú totes les plantes?

Les funcions vitals de les plantes

Les plantes, com tots els éssers vius, fan les tres **funcions vitals**: nutrició, relació i reproducció.

Les plantes es nodreixen

La funció de nutrició permet a les plantes nodrir-se per obtenir l'**energia** necessària per viure. Les plantes no es nodreixen d'altres éssers vius, sinó que es fabriquen l'aliment amb la **fotosíntesi**. Les plantes poden fer la fotosíntesi gràcies a la **clorofil·la**. Per fer la fotosíntesi, necessiten l'energia de la llum, que obtenen per les fulles, i aigua i sals minerals, que agafen per les arrels.

Les plantes obtenen energia de la llum per fer la fotosíntesi.

Les plantes es relacionen

La funció de relació permet als organismes respondre a **estímuls** del medi. Les plantes no es desplacen, però **reaccionen** als canvis del seu entorn: creixen en una direcció o en una altra per buscar la llum, o obren i tanquen les flors per protegir les estructures internes de reproducció.

La flor de nit s'obre cap el vespre i es tanca abans del migdia.

Les plantes es reprodueixen

La funció de reproducció permet originar **organismes semblants** als progenitors. Les plantes es reprodueixen de **diverses maneres**: a partir de les llavors, a través d'espores o gràcies a la intervenció dels humans.

Les llavors germinen i es crea una nova planta.

Les plantes són éssers vius. Fan les funcions de **nutrició**, de **relació** i de **reproducció**.

8 Poseu un exemple de com es relaciona, com es nodreix i com es reprodueix una planta que tingueu a casa i que conegueu bé.

Q Pàgina 29

LA NUTRICIÓ

Descobrim com s'alimenten les plantes

Les plantes fabriquen el seu propi aliment a partir de nutrients del sòl, de l'aigua, de la llum del Sol i de l'oxigen de l'aire. Aquest procés s'anomena fotosíntesi. Però per fer-la necessiten viure en unes condicions determinades.

La llum solar és molt important per a la vida de la planta. En un lloc poc lluminós la planta pateix i acaba morint.

Sense aigua no hi ha vida. En el cas de les plantes, la manca d'humitat a la terra fa que la planta s'assequi i mori.

Les sals minerals i els nutrients es troben a la terra. Una planta amb poca terra o amb terra pobra en nutrients s'alimenta malament.

Quan una planta es troba amb les condicions idònies de llum, aigua i nutrients, creix amb força i bona salut.

- Aquesta planta, quan creieu que viurà millor? Per què?
- Què passaria si durant dies mantinguéssim una planta a les fosques?
- I si deixem una planta sense terra? I si la deixem sense aigua?

9 La nutrició de les plantes és molt diferent de la dels animals.

- Quines diferències hi ha entre la nutrició dels animals i la de les plantes?

Les plantes es nodreixen

Les plantes no s'alimenten d'altres organismes. Per nodrir-se, les plantes produeixen **sucres** fent la fotosíntesi, transporten els nutrients amb la **saba** que circula per la tija i respiren agafant **oxigen** per les fulles.

la fotosíntesi

- Les fulles capten l'energia de la llum gràcies a una substància de color verd, la **clorofil·la**.
- La fulla allibera oxigen.
- Les fulles agafen **diòxid de carboni** de l'aire a través d'uns foradets, els **estomes**.

Amb la llum, el diòxid de carboni i la saba bruta, la planta produeix sucres. La fotosíntesi només es fa quan hi ha llum.

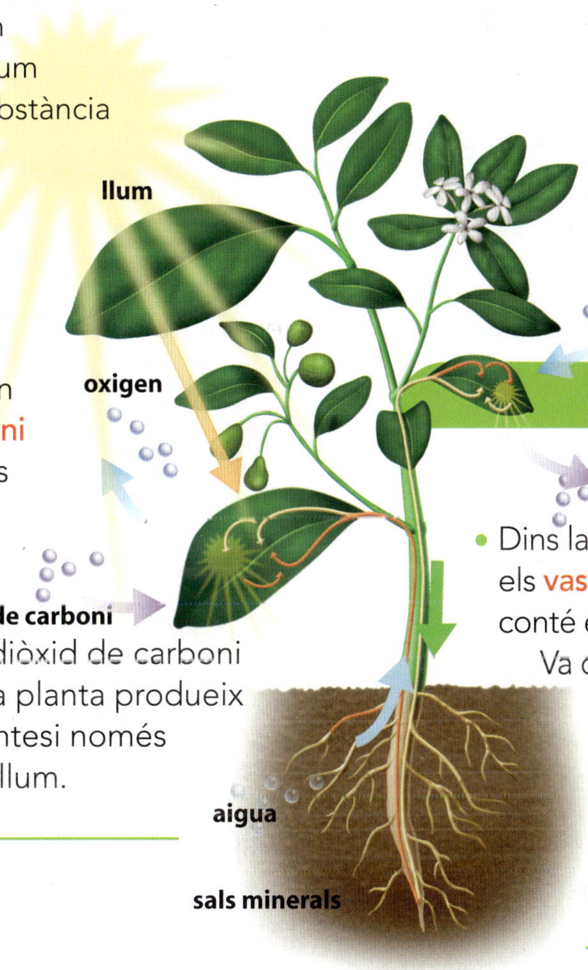

la respiració

- La fulla agafa oxigen i allibera diòxid de carboni pels estomes. La planta respira sempre, de dia i de nit.

la circulació

- Dins la tija hi ha uns tubets molt prims, els **vasos conductors**. La saba elaborada conté els sucres produïts a la fotosíntesi. Va de les fulles a tota la planta.
- La **saba bruta**, formada per l'aigua i les sals minerals, puja cap a les fulles.
- Les arrels absorbeixen l'aigua i les sals minerals.

Les plantes produeixen sucres amb la **fotosíntesi** i alliberen oxigen. Obtenen la **matèria** que necessiten de l'aire i de l'aigua amb les sals minerals, i l'**energia** de la llum del Sol.

10 Les plantes agafen oxigen i alliberen diòxid de carboni contínuament, per poder respirar. Però, a més, quan hi ha llum, agafen diòxid de carboni i alliberen oxigen.

- Com podríeu explicar que, quan hi ha llum, la planta alliberi oxigen i també n'agafi?

Q Pàgina 30

W Per saber-ne més

LA RELACIÓ

Descobrim com es relacionen les plantes

Les plantes poden rebre informació de l'entorn i reaccionar-hi adequadament.

- Quin canvi ha servit d'estímul per provocar aquesta resposta?

A la tardor, el dia s'escurça, hi ha menys llum i les temperatures baixen. Aquests canvis són estímuls que provoquen la caiguda de les fulles dels arbres caducifolis.

Les fulles dels arbres caducifolis, a la tardor, s'assequen i cauen.

Quan l'hivern s'ha acabat, els arbres comencen a tenir brots nous i fulles tendres.

- Quin estímul ha provocat aquesta resposta?

A la primavera, el dia s'allarga, hi ha més llum i més hores de sol, i s'aprecia una pujada de les temperatures. Tots aquests fets fan que els arbres despertin de la seva letargia hivernal i comencin a treure fulles noves.

Quan arriba el bon temps, les fulles dels faigs broten.

11 Contesteu:

- Què li passa a una orquídia si en comptes de posar-la a la dreta de la finestra la posem a l'esquerra?
- Com respon un gerani si tombem el test on està plantat?
- Busqueu exemples d'altres plantes que davant d'un canvi en el medi hi responguin d'alguna manera concreta. Expliqueu quin és l'estímul i quina és la resposta.

Les plantes es relacionen

Les plantes responen als estímuls

Les plantes, a diferència dels animals, no tenen òrgans dels sentits ni es desplacen en resposta a un estímul. Tot i això sí que responen als canvis que es produeixen en el seu entorn. Aquests canvis són estímuls que provoquen que les flors s'obrin o es tanquin, que les fulles caiguin o que la planta creixi cap a l'estímul o en direcció contrària.

Totes les flors de narcís miren cap al mateix cantó, buscant la llum del Sol.

Efecte de la llum

Les plantes creixen en direcció a l'estímul de la llum perquè en necessiten per fer la fotosíntesi. Aquest fenomen s'anomena fototropisme.

La gravetat

Les plantes necessiten anar a buscar l'aigua amb les arrels i la llum amb la tija. La gravetat és l'estímul que fa créixer les arrels cap avall i la tija cap amunt. Aquest fenomen s'anomena geotropisme.

El tronc i les branques d'aquest arbre trepen per la roca i creixen cap amunt. Les arrels baixen cap a la terra.

Les plantes són sensibles als canvis del seu entorn. Aquests estímuls provoquen una resposta, com créixer cap a l'estímul o en direcció contrària.

12 Expliqueu, fent servir les paraules «estímul» i «resposta», què passa quan una planta tanca les flors segons l'hora del dia.

Feu servir com a model la margarida i l'enotera, també anomenada bella de nit.

Q Pàgina 31

W Per saber-ne més

LA REPRODUCCIÓ

Descobrim com es reprodueixen les plantes

Hi ha moltes plantes que fan flors. La flor és l'aparell reproductor de les plantes. Les flors poden ser femenines, masculines o tenir òrgans masculins i femenins alhora. Les plantes que es reprodueixen per flors fan reproducció sexual.

El lliri té òrgans masculins i femenins a dins de la mateixa flor.

Flor masculina del pi. Els pins també floreixen, en unes flors que són femenines o masculines.

Però, penseu que totes les plantes fan flors?

En coneixeu alguna que no es reprodueixi per flors?

Les falgueres no fan flor. En la part posterior de les fulles tenen uns saquets amb espores.

En l'època de reproducció, a les molses els creix un filament amb una mena de capseta plena d'espores.

Hi ha plantes que no tenen flors i fan una reproducció asexual, mitjançant espores. Aquestes espores no s'han de fecundar i poden fer créixer una nova planta per si soles. Per exemple, les falgueres i les molses fan reproducció asexual.

13 Per què diem que la reproducció per espores no és una reproducció sexual?

Les plantes es reprodueixen

Reproducció de les plantes amb flor

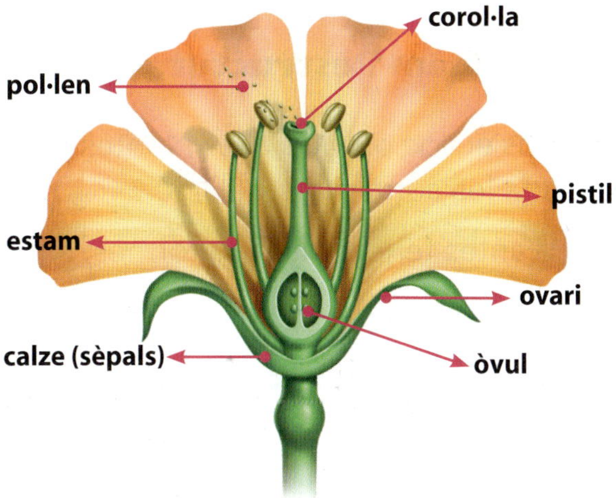

La flor és l'aparell reproductor de les plantes. Té una part masculina (els estams) i una part femenina (el pistil).

En les plantes amb flor la reproducció és **sexual**.

Primer s'ha de produir la **pol·linització**. La pol·linització és el transport del pol·len des de l'**estam** (òrgan masculí) fins al **pistil** (òrgan femení) de la mateixa flor o d'una altra. La fan els insectes o el vent.

Després es produeix la **fecundació.** Quan el gra de pol·len arriba al pistil, forma un tubet que baixa fins als **òvuls** que hi ha dins dels **ovaris**, tot dintre del pistil, i els fecunda.

A continuació es desenvolupen la **llavor** i el **fruit**.

L'ovul fecundat es transforma en la llavor. La flor es marceix, el pistil augmenta de mida i forma una capa que envolta la llavor: és el fruit. En els pins i els avets, la llavor no queda dins d'un fruit sinó d'una pinya.

Finalment, es produeix la **germinació**. Quan el fruit o la pinya són madurs, cauen a terra, s'obren i en surten les llavors. Aquestes llavors les dispersen el vent, l'aigua o els animals. Les llavors que troben les condicions adequades a terra germinen i es transformen en noves plantes.

Reproducció de les plantes sense flor

Algunes plantes, com les molses i les falgueres, no tenen flor. No produeixen òvuls ni grans de pol·len, per tant, no fan llavors. Aquestes plantes es reprodueixen per **espores**, unes cèl·lules que quan germinen originen una nova planta per si soles. Les plantes sense flor es reprodueixen a partir d'una sola planta, és a dir, de manera **asexual**.

Reproducció per esqueixos

Aquest és un tipus de reproducció que necessita la **intervenció humana**. Si tallem un **esqueix**, un tros d'una planta sana, i el plantem, es pot desenvolupar una altra planta idèntica a la primera.

Si l'esqueix és jove té més possibilitats de fer arrels i sobreviure.

> Hi ha plantes amb **reproducció sexual**, que després de la pol·linització formen llavors. Altres plantes es reprodueixen **asexualment**, per **espores**, i n'hi ha que es reprodueixen gràcies a la **intervenció humana**.

14 Si per algun motiu els insectes desapareguessin, quines conseqüències tindria aquest fet per a les plantes? I en els animals?

Q Pàgina 32

W Per saber-ne més

DIFERENTS FORMES PER CADA MANERA DE VIURE

Relacionem l'estructura amb les funcions vitals

Segons el lloc on viuen, les plantes tenen estructures diferents. D'aquesta manera s'adapten millor a les condicions del lloc.

Les plantes tenen fulles de formes, mides i colors molt diferents. Sovint aquestes característiques vénen molt determinades pel lloc on viuen.

Les fulles del nenúfar són molt planes i amb una gran superfície per poder surar i rebre els rajos solars necessaris per fer la fotosíntesi.

Les plantes que viuen en zones d'ombra i molt humides solen tenir fulles amples i grans. Aquestes fulles, a més de captar millor els rajos solars, tenen més superfície de transpiració i poden extreure l'excés d'aigua.

Moltes plantes de zones tropicals i plujoses tenen forma llarga i punxeguda perquè l'aigua que els sobra pugui relliscar i escórrer-se per la punta.

L'àloe vera és una planta acostumada a viure en zones desèrtiques. Les seves fulles són molt gruixudes i tenen la pell dura per emmagatzemar aigua i evitar que s'evapori.

Molts cactus transformen les seves fulles en espines. A més de protegir-se, eviten perdre aigua a través de les fulles. En aquests casos, el tronc fa la fotosíntesi.

Els pins i els avets, adaptats a climes freds, tenen les fulles en forma d'agulla. Les agulles, que són fines i dures, contenen poca aigua i moltes sals minerals, així redueixen la possibilitat de congelar-se.

15 Expliqueu altres exemples d'estructures de plantes que es relacionin amb el lloc on viuen.

Adaptació al medi

Les característiques específiques de l'hàbitat (llum, humitat, temperatura, etc.) determinen la forma i l'estructura de les plantes.

Aquests cactus no tenen fulles per evitar la pèrdua d'aigua, i són esfèrics perquè aquesta és la forma que ofereix una superfície més petita pel mateix volum. A dins contenen aigua.

Viure en llocs secs o humits

Les plantes perden aigua per la transpiració de les fulles. Per reduir la pèrdua d'aigua, les que viuen en llocs secs poden tenir fulles petites, encerades o peludes. També poden acumular aigua en alguna part de la planta, com els cactus. Les plantes de llocs humits, en canvi, tenen les fulles grans.

Viure a l'ombra dels altres

Per poder rebre llum, les plantes han de situar les seves fulles en el lloc adequat. Un arbre que estigui envoltat d'arbres més alts, pot ser que no rebi prou llum i acabi perdent les fulles. Per això els arbres tenen tiges molt grans, que es transformen en troncs. Les lianes i les plantes enfiladisses arriben a la llum enfilant-se pel tronc d'altres plantes.

Algunes plantes, com l'heura, tenen sistemes per enfilar-se a troncs o murs. Així poden trepar buscant la llum del Sol.

Atreure els insectes

Moltes plantes depenen de la visita dels insectes per reproduir-se. Les flors més visitades són les més atractives, per l'olor, per la forma o el color, o pel nèctar que contenen.

Les flors dels cactus solen ser de colors molt llampants i vistosos: vermell, taronja, groc... Al desert hi ha pocs animals i els han d'intentar atreure perquè l'espècie sobrevisqui.

> i Les plantes tenen unes estructures adequades a la funció que han de fer i a les condicions del lloc on viuen.

16 Busqueu el nom d'una planta que visqui a prop dels rius i el d'una altra que visqui en llocs molt secs. Expliqueu-ne les diferències.

Q Pàgina 33

Investiguem com circula la saba per la tija

Les plantes absorbeixen aigua i sals minerals per les arrels, però les fulles són les que necessiten aquestes substàncies per fer la fotosíntesi. Per entendre com ho fan les plantes per transportar l'aigua des de les arrels fins a les fulles, farem una investigació sobre la circulació de l'aigua per la tija d'una planta.

Necessitem:

- 3 recipients iguals de vidre amb aigua
- Colorant (alimentari, tinta xinesa o blau de bromotimol)
- Tiges d'api amb fulles
- Tisores
- Retolador permanent
- Lupa

Passos a seguir:

1. Numerem de l'1 al 3 els pots de vidre. Posem un api en cadascun dels pots (escollint la part amb les fulles més clares). L'api que posem en el recipient 3 haurà de tenir poques fulles, menys que els apis que posem en els recipients 1 i 2.
2. Posem aigua en els pots. El primer el deixem només amb aigua i al segon i al tercer hi afegim una mica de colorant.
3. Fem una predicció del que pot ser que passi en cada cas.
4. Esperem un dia, traiem els apis dels recipients i els eixuguem amb paper. Aleshores, observem cada planta amb la lupa i anotem el que veiem.
5. Tallem la tija dels 3 apis a uns 5 centímetres de la base i l'observem amb la lupa. Anotem el que veiem i ho dibuixem. Fem el mateix a uns 5 centímetres sota les fulles.
6. Comparem el que ha passat en cada cas. Com expliqueu les diferències? Eren encertades les vostres prediccions?

W Taller d'experimentació

17 Redacteu un informe sobre l'experiment realitzat seguint els passos següents:

- Què volem comprovar? Heu de buscar una pregunta que es pugui respondre amb aquest experiment.
- Quina és la possible resposta (hipòtesi) a la pregunta? Heu d'escriure-la a partir de la predicció feta.
- Com podem comprovar-ho? Heu d'explicar com heu fet l'experiment.
- Quins són els resultats? Heu de presentar la vostra conclusió.

FEM UN MÓN MILLOR

Evitem la desaparició de les abelles de la mel

Des de fa uns anys, a tot el món s'està produint un fenomen molt preocupant: les colònies d'*Apis mellifera*, l'abella de la mel, s'estan reduint i estan desapareixent.

No se'n coneixen bé totes les causes, però algunes podrien ser l'existència de l'àcar *Varroa destructor*, l'augment dels monocultius o l'ús de plaguicides.

Les abelles no només són útils per a la producció de mel, cera i altres productes de rusc, sinó sobretot perquè són l'espècie d'insectes més eficaç en la pol·linització de les plantes amb flor, sobretot les de cultiu agrari (arbres fruiters, hortalisses...). Les abelles s'encarreguen de fer més del 90 % de les pol·linitzacions actuals. Per tant, la desaparició de les abelles posa en perill la reproducció de moltes espècies vegetals. Cal fer campanyes per preservar-les dins dels nostres ecosistemes.

L'abella té tot el cos recobert per uns pèls rígids. El pol·len de les flors s'enganxa a aquests pèls i així viatja de flor en flor, cosa que permet la pol·linització i la fecundació de la planta.

Les abelles de la mel faciliten la pol·linització de la majoria de flors. La seva desaparició pot provocar una pèrdua de biodiversitat.

18 Expliqueu per què la desaparició de les abelles suposa una pèrdua de varietat en les plantes d'una zona, una pèrdua de biodiversitat.

Q Pàgina 34

ESPAi COOPERATiU

Elaborem una clau per classificar fulles

Per identificar ràpidament un ésser viu, els científics fan servir claus de classificació. Les claus són sèries de preguntes a les quals només podem respondre sí o no.

Ens organitzarem en grups per actuar com a científics. Inventarem una clau per classificar fulles i utilitzarem una tècnica de treball cooperatiu.

Tècnica cooperativa «Aplica!»

1. Cadascú individualment pensa en possibles maneres de classificar fulles d'arbre.
2. Es posa en comú el que ha pensat cada membre del grup per consensuar una clau de classificació. Cal deixar clares les categories, definir bé els conceptes i assegurar-se que tothom ho ha entès tot.
3. Es reparteixen un parell de fulles diferents a cada membre del grup perquè, individualment i a partir de la clau consensuada, les identifiqui i expliqui els motius de la seva classificació.

19 Elaboreu una clau de classificació per identificar les fulles dels arbres següents: l'avet, el pi, el roure, el faig, l'om, l'alzina, el desmai, el plàtan, la noguera i el bedoll.

- Consensueu la clau de classificació del vostre grup.
- Identifiqueu les característiques de les fulles de cada arbre, amb una descripció i un dibuix.
- Agrupeu les fulles que tinguin característiques semblants i classifiqueu-les segons la vostra clau de classificació.
- Compartiu la vostra clau amb la resta del grup i compareu-la amb la dels altres grups.
- Finalment, podeu elaborar una clau de classificació comuna per a tota la classe.

20 Com ha anat el treball cooperatiu?

- Us ha estat fàcil posar-vos d'acord en com fer la clau de classificació? Per què?
- Heu convençut a la resta raonant?
- Esteu satisfets de la vostra clau? Què es pot millorar?

Zona Clic

Català | Matemàtiques | Ciències | Música | Castellà

Observem una fulla amb un microscopi virtual

Una aplicació d'Internet és un programa que es pot utilitzar directament des d'Internet, sense necessitat de descarregar-lo.
L'aplicació «Virtual Microscope», que funciona com un microscopi real, permet observar imatges amplificades d'objectes petits. Per saber com es fa servir, l'aplicació ofereix programes d'aprenentatge en anglès a la barra superior de color blau.

1r

Anem a Internet i entrem a l'adreça:

www.e-cruilla.cat/virtualmicroscope

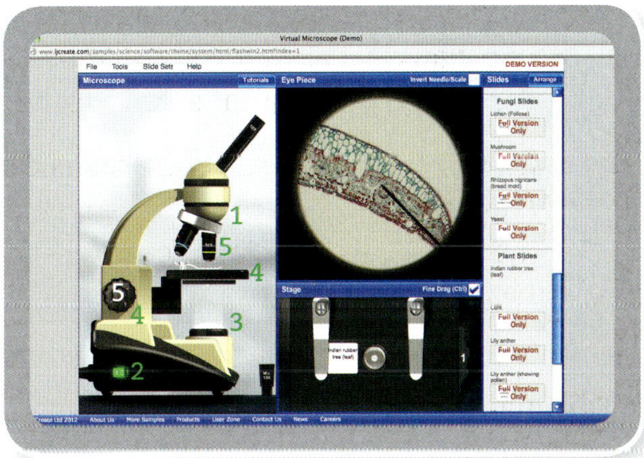

2n

Seleccionem la mostra anomenada «Indian rubber tree (leaf)», una fulla de ficus que hi ha a la columna de la dreta, i l'arrosseguem fins que ens quedi ben centrada a la platina.

3r

Encenem el llum (3) amb l'interruptor (2) de color verd i posem l'objectiu de 4 augments girant el revòlver (1). Per enfocar fins que la imatge de la fulla es vegi nítida, girem els cargols o rodes d'enfocament (macromètric (4) i micromètric (5)).

4t

Canviem a l'objectiu de 10 augments i tornem a enfocar. Fem el mateix amb l'objectiu de 40 augments.

Dibuixeu com es veu la fulla amb cada augment. Al costat de cada dibuix, poseu-hi l'augment.

W Zona clic

HEM APRÈS

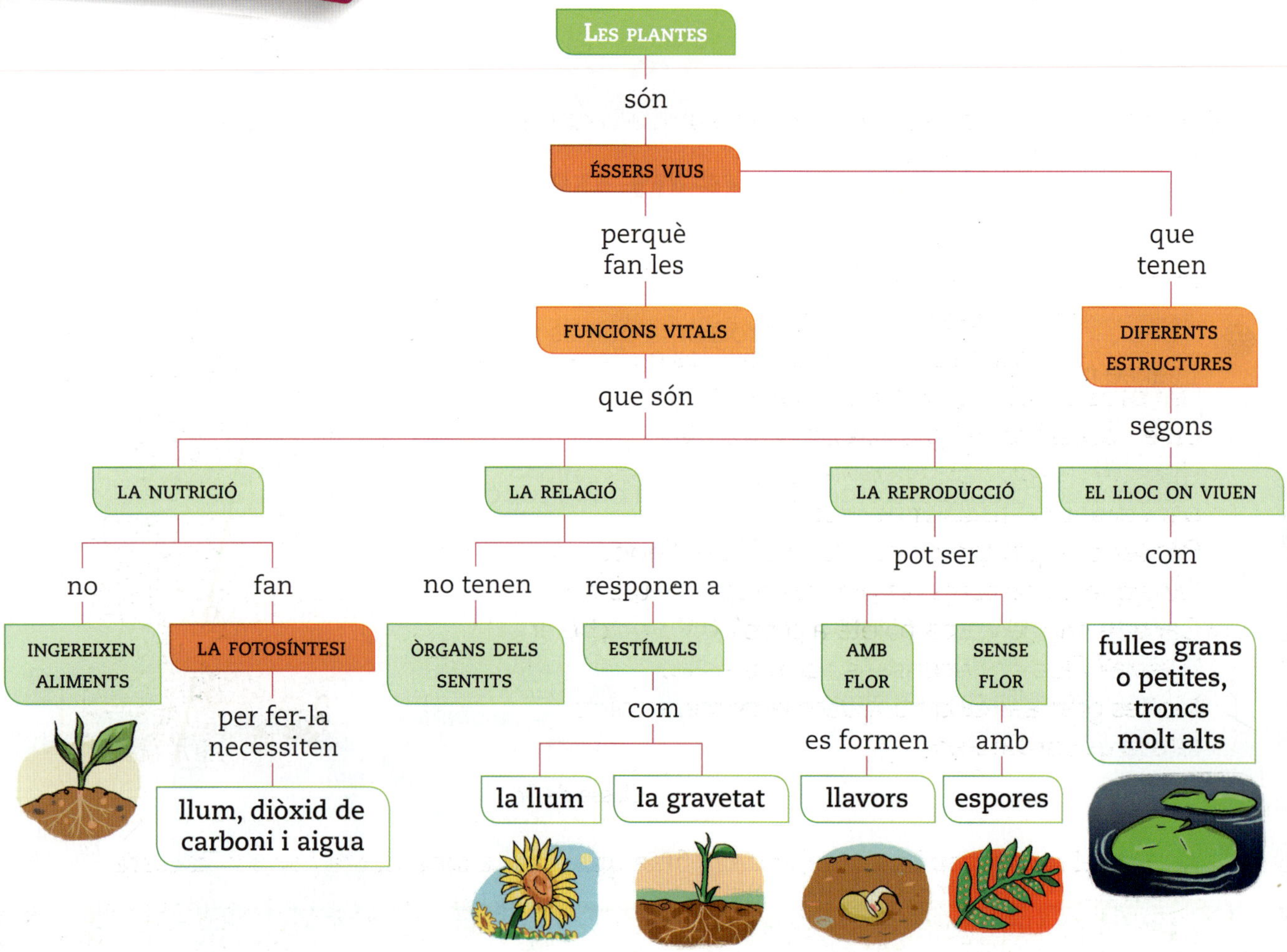

21 Penseu frases correctes que tinguin com a mínim les expressions següents:

a) funció de relació, nutrició, reproducció, plantes
b) plantes, éssers vius, diferències
c) plantes, fotosíntesi, necessiten
d) relació, plantes, òrgans dels sentits, estímuls
e) reproducció, llavor, esqueix, espores

22 Descriviu fulles als vostres companys seguint aquests passos:

- Feu parelles i poseu-vos esquena contra esquena.
- Durant un minut, en silenci, un dels membres de la parella observarà una fulla, fixant-se bé en les seves característiques.
- Després, haurà de descriure-la amb tot detall a l'altre membre de la parella perquè pugui dibuixar-la. Repetiu a la inversa el mateix procés amb una altra fulla.
- Finalment, compareu els dibuixos fets amb les fulles reals.

Q Pàgines 35 i 36

Mapa conceptual
Autoavaluació W

HEM APRÈS

23 Podem fer un hort a l'escola? Imagineu que heu rebut aquesta carta dels vostres companys de tercer.

Hola,

Som els nens i nenes de tercer.
Amb la nostra mestra volem fer un hort i com que sabem que vosaltres esteu treballant les plantes i en sabeu molt, us volem demanar consell:
Què necessiten les plantes per viure bé?
Hem de posar l'hort en el lloc que tingui més ombra o en el lloc on toqui més el sol?
Pot ser que pel temps que fa aquí i per l'època de l'any que és no totes les plantes puguin viure bé?
Cal que tinguem una aixeta a prop? Caldrà adobar la terra? Què ens aconselleu que plantem?
Moltes gràcies! Quan tinguem la primera collita feta ja us convidarem!

Classe de 3r

- Amb tot el que sabeu i amb l'ajut de la fitxa que hi ha a sota, contesteu-los la carta.

Nom	Plantació	Temperatura preferible
Enciam	Tot l'any	Clima fresc
Tomàquet	Primavera i estiu	Necessita molt sol
Col	Tot l'any	Li va bé el fred de tardor
Ceba	De primavera a tardor	Clima temperat

24 Reflexioneu:

- **Abans de començar penseu...** Què en sabeu? Amb quina part de la unitat ho relacioneu?
- **Atureu-vos a mitja feina i penseu si...** Ho esteu fent bé? Com ho podeu comprovar? Heu de fer canvis?
- **Valoreu com ho heu fet:** Ho heu fet bé? Com ho heu comprovat? Com podeu demostrar-ho?

5 LA POBLACIÓ I L'ECONOMIA A CATALUNYA

Canvis i evolució de la població. El treball i els sectors econòmics

Viatge virtual

PENSEM i PARLEM

1 Fixeu-vos en la fotografia de la pàgina anterior i en les dues d'aquesta pàgina, i responeu:

Amposta és un municipi situat al marge dret del riu Ebre (Montsià).

Pals és un municipi situat entre aiguamolls (Baix Empordà)

- Quina fotografia correspon a una ciutat? Quina a un poble? On hi ha més població?
- Quin grup d'edat creieu que predomina en cadascun d'aquests llocs: joves, adults o vells? Penseu que sempre ha estat així? Per què?
- D'on penseu que són les persones que es veuen a la primera fotografia? Tots han nascut en aquesta localitat?
- Quines activitats econòmiques creieu que són les més importants en cadascuna d'aquestes localitats? Per què? A quin sector econòmic pertanyen?
- Quina fotografia s'assembla més a la vostra localitat? Per què?

2 Penseu, en grups, com és la població de la vostra localitat. Quines característiques destacaríeu si ho haguéssiu d'explicar a una persona que arribi de fora? Us pot ajudar respondre a les preguntes següents:

- Quants habitants hi viuen? Creieu que està molt poblada o poc?
- Quin grup d'edat hi predomina: joves, adults o vells?
- Hi viu molta o poca gent nascuda en un altre lloc?
- Disposa d'uns bons serveis públics: escoles, hospitals, transports, pavellons...?
- Quina és l'activitat econòmica principal? A quin sector econòmic pertany? Quines altres activitats econòmiques s'hi desenvolupen?
- Poseu-ho en comú amb la resta de la classe, traieu-ne conclusions i feu-ne un resum.

ORGANITZEM EL QUE SABEM

3 Compareu les tres localitats de les fotografies. A partir dels vostres coneixements, expliqueu com és la vida en cada una de les localitats i quines diferències hi ha entre elles. Tingueu presents factors com les activitats econòmiques, el tipus de treball, els serveis i l'oci que s'hi ofereix.

Barcelona (Barcelonès).

Castellfollit de la Roca (la Garrotxa).

Palamós (Baix Empordà).

4 Treballeu les paraules clau de la unitat que apareixen en aquesta il·lustració seguint els passos que hi ha a sota:

1. Classifiqueu les paraules en conegudes i desconegudes.
2. Després poseu la classificació en comú amb la resta de companys.
3. Inventeu frases amb les paraules que ja coneixeu.
4. Feu quadrants de vocabulari per a cada paraula que no conegueu.

5 Observeu el mapa conceptual i parleu-ne entre vosaltres. Per parelles, comenteu tot el que sabeu sobre la població i l'economia a Catalunya.

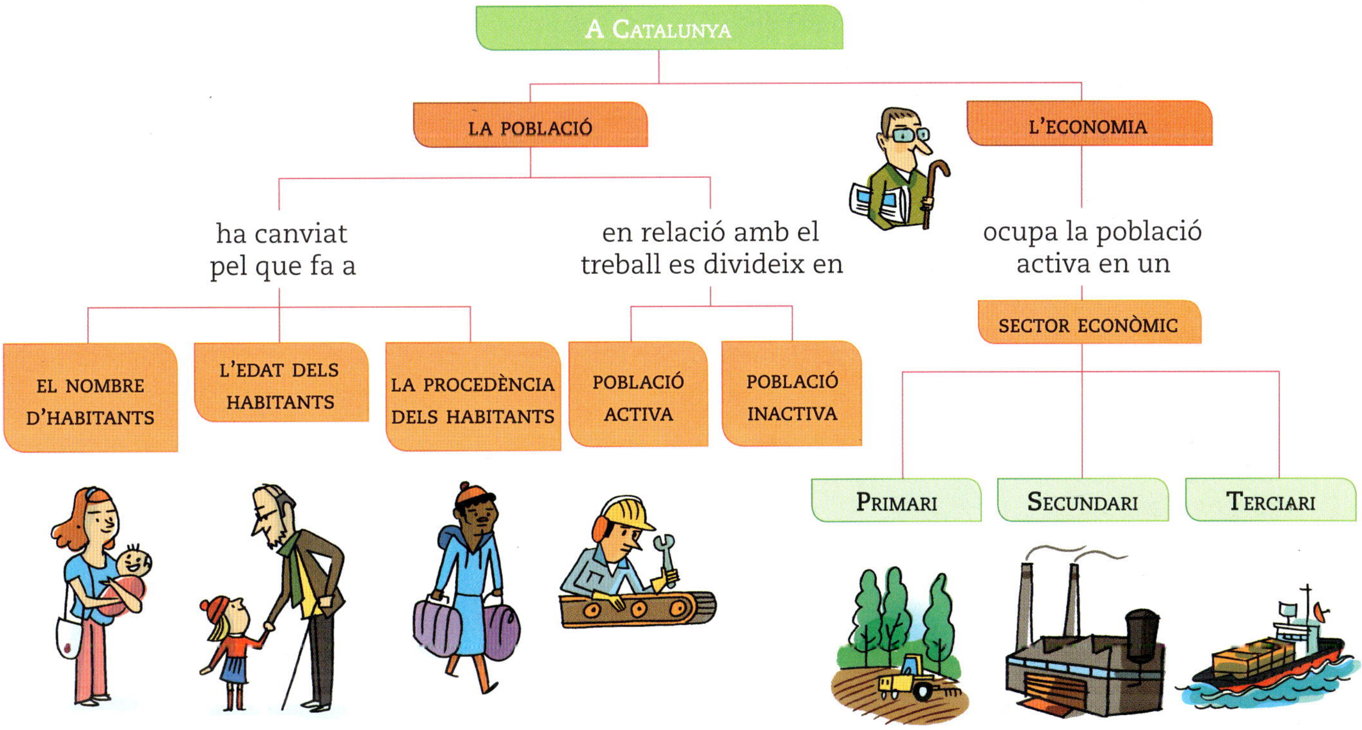

6 Amplieu el mapa conceptual anterior amb les aportacions de cada parella.

Aprendrem...

- Els canvis demogràfics dels darrers cent anys a Catalunya i per què s'han produït.
- Què es té en compte quan s'estudia la població d'un territori.
- Què es considera població activa i població inactiva.
- Quins són els tres sectors econòmics i quina és la seva importància a Catalunya.
- A fer textos argumentatius i a saber fer-ne ús.
- El valor del turisme responsable.

Per poder...

- Explicar de quina manera ha canviat la població de Catalunya en els darrers cent anys.
- Analitzar com és la població de Catalunya i la d'altres territoris.
- Classificar la població en funció del treball.
- Conèixer les activitats que es realitzen a cada sector i quines són les principals a Catalunya.
- Argumentar oralment i per escrit les nostres idees.
- Practicar un turisme respectuós amb les persones i l'entorn.

LA POBLACIÓ CANVIA

Ens fixem en els canvis demogràfics a Catalunya

Al llarg de la història, la població catalana ha anat canviant, tant en la composició, com en la distribució territorial i l'equilibri entre edats.

Abans...

Les famílies tenien una mitjana de 5 fills.

Hi havia una mortalitat alta i una esperança de vida de 35 anys.

La població patia desnutrició.

Hi havia una manca d'atenció sanitària.

La població era majoritàriament rural.

Les dones treballaven a casa.

Ara...

Les famílies tenen una mitjana de 2 fills.

Hi ha una mortalitat baixa i una esperança de vida de 80 anys.

L'alimentació és equilibrada.

Hi ha accés a una sanitat pública.

La població és majoritàriament urbana.

Les dones treballen també fora de casa.

7 Observeu les vinyetes i contesteu:

- S'han produït alguns d'aquests canvis a la vostra família? Quins?
- Quants fills van tenir els vostres besavis i avis? I els vostres pares?
- Quants anys van viure els vostres besavis? I els seus pares?
- Teniu algun familiar que hagi patit desnutrició? Per quins motius?
- On vivien els vostres besavis? I els vostres avis?
- La vostra besàvia treballava a casa o a fora? I la vostra àvia?

Els canvis demogràfics a Catalunya

Abans

Abans del segle XIX, molta gent moria abans d'arribar a la vellesa. La raó principal solia ser la manca d'aliments, però també les epidèmies i les guerres. Catalunya, durant el segle XIV, va perdre més de la meitat de la població per culpa de la pesta negra.

La majoria de la població era rural. Les famílies pageses tenien molts fills perquè ajudessin al camp, però moltes d'aquestes criatures morien abans de fer-se grans. També era freqüent que les dones morissin durant el part.

Per tot això, la població durant molts segles no va créixer gaire.

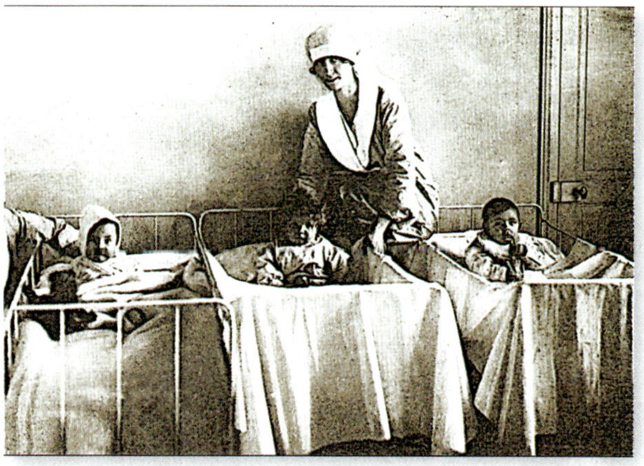

Abans moltes mares morien durant el part i la mortalitat infantil era molt alta.

Ara

Els avenços mèdics i les millores en la higiene i l'alimentació han aconseguit que la població pugui viure molts anys.

La majoria de la població és urbana. Les dones treballen fora de casa i les famílies no tenen gaires fills, però els moviments migratoris fan que arribi gent jove d'arreu del món.

Per tot això, la població catalana ha crescut espectacularment, especialment els darrers 100 anys.

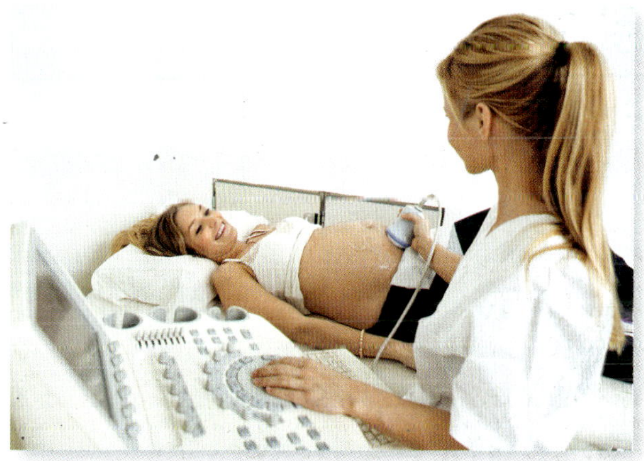

Ara es controlen l'embaràs i les complicacions del part gràcies als avenços mèdics.

Abans, les epidèmies, les guerres i la manca d'aliments provocaven una mortalitat molt alta. Ara, amb els avenços mèdics i l'alimentació equilibrada, les persones viuen més anys i, per això, la població catalana ha augmentat molt.

8 Prepareu una explicació oral de cinc minuts sobre els canvis que ha sofert la població de Catalunya en els darrers 100 anys i quines n'han estat les causes. Elaboreu un guió per no oblidar-vos res. Exposeu-la a la resta de la classe.

Q Pàgina 37

L'EVOLUCIÓ DE LA POBLACIÓ

Observem l'evolució de la població a Catalunya

L'any 1900, la població de Catalunya era de 1.966.000 habitants. L'any 1981, ja hi vivien 5.956.000 persones i l'any 2012, la població havia arribat a 7.565.603 persones.

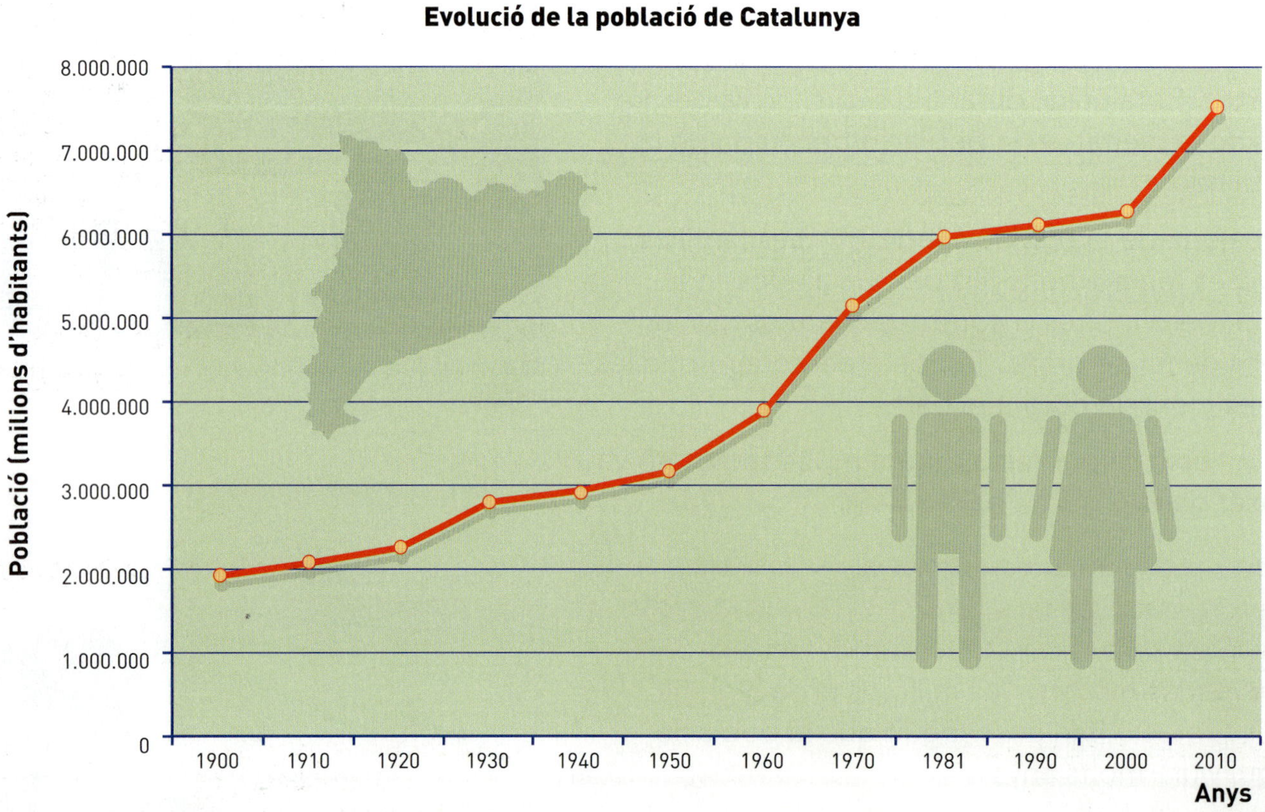

1900	1910	1920	1930	1940	1950	1960	1970	1981	1990	2000
1.966.382	2.084.868	2.344.719	2.791.292	2.890.974	3.240.313	3.925.779	5.122.567	5.959.530	6.165.632	6.261.999

2002	2004	2006	2008	2010	2012
6.506.440	6.813.319	7.134.697	7.364.078	7.512.381	7.565.603

9 Analitzeu la informació que us aporten el gràfic i la taula de dades i contesteu:

a) Coincideixen la informació del gràfic i la de la taula?
b) Quina tendència marca el gràfic? Hi ha cap salt destacable?
c) Què va passar de 1960 a 1970?
d) Quina causa penseu que poden tenir aquestes fluctuacions?
e) Quants habitants tenia Catalunya l'any que vau néixer?

L'estudi de la població

Elements per a l'estudi de la població

La població catalana ha anat augmentant progressivament.

La demografia és la ciència que té com a finalitat l'estudi de la població. La població d'un territori és el nombre total de persones que hi viuen.

Per estudiar com és la població d'un lloc i els motius que fan que augmenti o disminueixi, tenim en compte els elements següents:

- Natalitat: nombre de naixements registrats durant un període determinat, normalment un any.
- Mortalitat: nombre de morts o defuncions en un període determinat, normalment un any. Tenint en compte la mortalitat es calcula l'esperança de vida, que és la durada mitjana de la vida dels habitants d'un territori.
- Immigració: nombre de persones que arriben a un lloc per viure-hi.
- Emigració: nombre de persones que marxen a viure fora del seu lloc d'origen.

La població d'un territori canvia per creixement natural, que és la diferència entre la natalitat i la mortalitat, i per creixement migratori, que és la diferència entre el nombre d'immigrants i d'emigrants.

La població de Catalunya

Les migracions comporten un augment de la diversitat.

La població de Catalunya supera els 7 milions de persones des de 2005. El creixement natural és positiu perquè la natalitat és superior a la mortalitat, la qual ha disminuït amb la millora de l'alimentació, la higiene i la sanitat.

El creixement migratori, tot i que ha estat positiu en els darrers anys perquè la immigració superava l'emigració, tendeix a ser negatiu. La crisi econòmica actual ha fet que la immigració s'hagi reduït i que hi hagi catalans que emigrin a altres països per poder guanyar-se la vida.

i El nombre d'habitants d'un territori depèn de la natalitat, la mortalitat i els moviments d'immigració i d'emigració.

10 De quins factors depèn que una població creixi, disminueixi o s'estanqui? En quina situació es troba actualment el vostre municipi?

Q Pàgina 38

W Per saber-ne més

EL TREBALL

Classifiquem la població segons el treball

El treball són totes aquelles activitats que fan les persones orientades a obtenir els béns o els mitjans per satisfer les seves necessitats amb la transformació de l'entron que les envolta. En relació amb el treball, la població es divideix en població activa i població inactiva.

11 Classifiqueu en una taula com la següent les persones de la il·lustració anterior segons la feina que realitzen:

Població activa	Població inactiva

El treball

Les persones treballen per obtenir els recursos necessaris per viure. Alhora, aporten un benefici a la societat, que necessita els serveis dels treballadors i els productes elaborats que fan. A Catalunya, a partir dels 16 anys ja es pot treballar legalment i cobrar un salari o sou.

Població de Catalunya en relació amb el treball (2012)

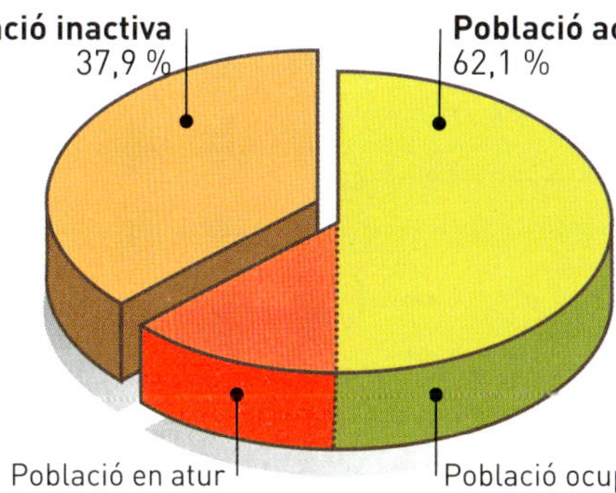

Població activa i població inactiva

En relació amb el treball, la població es divideix en:

- Població activa: és el conjunt de persones en edat de treballar, tant si fan una feina com si la busquen. Distingim entre: població activa ocupada, aquella que té un treball remunerat, i població activa en atur, aquella que vol treballar però no troba feina. Actualment, el nombre de persones aturades a Catalunya és molt elevat.
- Població inactiva: és el conjunt de persones que no exerceix cap tipus d'activitat econòmica remunerada, ni es troba en disposició de fer-ne cap. Mestresses de casa, infants, estudiants, rendistes, jubilats i persones amb alguna malaltia o discapacitat greu formen part d'aquest grup.

Els tres sectors econòmics

La població activa, segons el tipus de feina que realitza, treballa en tres grans sectors econòmics:

- El sector primari: es dedica a l'obtenció de recursos naturals.
- El sector secundari: elabora productes diversos, a partir de la transformació dels recursos naturals.
- El sector terciari: presta serveis a les persones.

Població activa ocupada de Catalunya (2012)

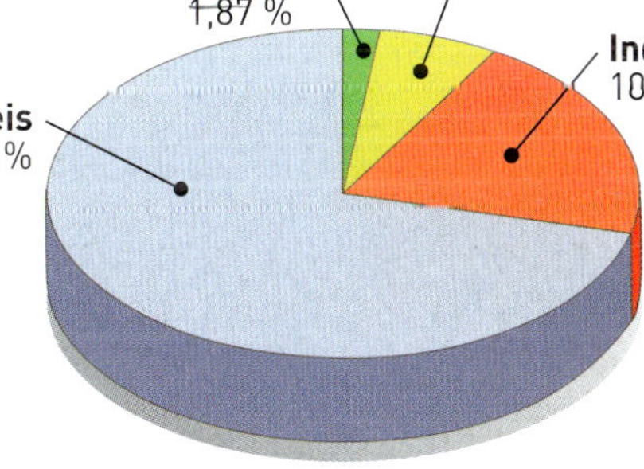

La població en relació amb el treball es divideix en població activa, ocupada o en atur, i població inactiva. La població activa pot treballar en un dels tres sectors econòmics: primari, secundari o terciari.

12 Debateu si us sembla correcte que les mestresses de casa siguin classificades com a població inactiva.

Q Pàgina 39

EL SECTOR PRIMARI

Localitzem el sector primari a Catalunya

El sector primari agrupa les activitats econòmiques centrades en l'aprofitament dels recursos naturals, com ara l'agricultura, la ramaderia, l'explotació forestal, la pesca i la mineria.

13 Observeu el mapa anterior i analitzeu la informació que us proporciona:

a) Compareu la producció agrícola i ramadera d'una comarca de muntanya, una de plana i una de costa i comenteu a què penseu que es deuen les diferències.

b) Quins són els productes agrícoles més produïts? Quins aliments se'n fabriquen?

c) Us sembla que la mineria té un pes important en l'economia catalana? Per què?

14 Investigueu què són les denominacions d'origen i quines són les més importants a Catalunya.

El sector primari a Catalunya

Actualment, a Catalunya, al voltant d'un 1 % de la població ocupada treballa al sector primari.

L'agricultura

L'agricultura s'ocupa del conreu de la terra. A Catalunya hi ha dos tipus de conreu:

- Els conreus de secà, que només reben l'aigua de la pluja, com ara la vinya, l'olivera, el blat i la fruita seca.
- Els conreus de regadiu, que reben l'aigua per mitjans artificials, com ara l'arròs, els arbres fruiters, les hortalisses i el farratge.

Els camps d'arròs del delta de l'Ebre són conreus de regadiu.

La ramaderia

La ramaderia consisteix en la cria d'animals per aprofitar-ne la carn, els ous, la llet, el pèl... A Catalunya en distingim dos tipus:

- La ramaderia intensiva, en què el bestiar, com ara pollastres i porcs, és criat en granges mecanitzades.
- La ramaderia extensiva, en què el bestiar, com ara vaques i ovelles, pastura lliurement a camp obert.

La comarca d'Osona és coneguda per la cria del porc.

L'explotació dels boscos

L'aprofitament dels recursos dels boscos permet obtenir fusta per a les indústries de la construcció i del moble, i cel·lulosa per a la del paper.

La pesca

La pesca és la captura d'animals aquàtics per al consum humà. A Catalunya aquesta activitat ha minvat molt per la sobreexplotació i la contaminació. Per això, cada cop té més importància l'aqüicultura, que és la cria d'animals aquàtics en granges marines o d'aigua dolça.

La mineria

La mineria explora i explota les mines per extreure els minerals del subsòl i utilitzar-los a la indústria. Actualment, a Catalunya hi ha poques mines en actiu i la producció és escassa.

> i El sector primari explota els recursos naturals mitjançant activitats com l'agricultura, la ramaderia, l'explotació dels boscos, la pesca i la mineria. A Catalunya, ocupa poca població i ha perdut importància.

15 Esbrineu quins productes del sector primari es produeixen a la vostra comarca.

Q Pàgina 40

W Per saber-ne més

EL SECTOR SECUNDARI

Localitzem el sector secundari a Catalunya

El sector secundari inclou les activitats econòmiques que transformen les matèries primeres en productes elaborats, gràcies a l'ús d'energia i a l'aportació de la mà d'obra (treballadors i treballadores).

16 Observeu el mapa anterior i analitzeu la informació que us proporciona:

a) En quines zones hi ha més indústria? En quines menys? De què penseu que depèn?

b) En quines comarques estan ubicades les centrals de producció d'energia hidroelèctrica? Per què penseu que és aixi?

c) Compareu el mapa amb el de la pàgina 98 i digueu què produeix la indústria alimentària a cada comarca.

17 Investigueu quines són les indústries més importants de la vostra localitat o comarca.

El sector secundari a Catalunya

En el passat, el sector secundari va ser molt important a Catalunya, especialment la indústria tèxtil. Ara, només el 25 % de la població ocupada treballa al sector secundari.

Els sectors industrials principals	
	El sector **metal·lúrgic**: transforma els metalls en productes com automòbils, motors, màquines, electrodomèstics, etc. És important a l'Àrea Metropolitana de Barcelona.
	El sector **alimentari**: elabora i envasa per al consum productes alimentaris com l'oli, el cava, el vi, les conserves, els productes làctics, etc. Predomina a les comarques agrícoles i ramaderes.
	El sector **químic**: fabrica plàstics, fibres artificials, detergents, adobs, combustibles, productes farmacèutics, etc. Es localitza sobretot al Tarragonès.
	El sector **electrònic**: produeix components per a electrodomèstics, automòbils, equips informàtics i mitjans de comunicació. Es concentra al Vallès Occidental i al Barcelonès.
	El sector de la **construcció**: comprèn les activitats relacionades amb l'edificació d'habitatges i amb grans obres públiques (carreteres, pantans, ports, aeroports, vies fèrries, etc.).
	El sector **energètic**: genera l'energia necessària per a indústries i llars. Catalunya disposa d'energies renovables i tèrmiques però, en general, pateix una manca de recursos energètics.
	El sector **tèxtil**: dedicat a la producció de roba, tela, fil i fibra. Actualment a Catalunya, tot i la competència de la Xina i l'Índia, encara té un pes força considerable.

El **sector secundari** transforma les matèries primeres en **productes elaborats**, gràcies a l'energia i a la mà d'obra. Catalunya té una gran diversitat d'indústries, però pocs recursos energètics.

18 Classifiqueu els productes elaborats següents segons el sector industrial:

un xarop • una bicicleta • una pilota • un apartament • una nevera • una llauna de tonyina
un diari • una carretera • un sabó detergent • una barra de pa • l'electricitat • un cotxe

Q Pàgina 41

W Per saber-ne més

EL SECTOR TERCIARI

Explorem la diversitat d'oferta turística a Catalunya

El sector terciari inclou les activitats econòmiques que presten serveis a les persones i a les empreses. Són serveis relacionats amb el comerç, els transports, les comunicacions, el turisme, la sanitat i l'educació. Poden ser públics, quan es paguen amb els impostos, o privats, quan es paguen directament a qui els proporciona.

19 Observeu el mapa anterior i elaboreu entre tota la classe un mapa mural de les marques turístiques de Catalunya. Poseu-hi fotografies que il·lustrin:

- els serveis turístics que ofereixen (estacions d'esquí, refugis de muntanya, balnearis, instal·lacions nàutiques, etc.);
- els llocs i els monuments històrics que s'hi poden trobar (conjunts històrics, restes arqueològiques, esglésies, monestirs, castells, ponts, palaus, etc.);
- les activitats que s'hi poden desenvolupar (lúdiques, culturals, etc.).

El sector terciari a Catalunya

A Catalunya és el sector que ocupa més persones: hi treballa el 74 % de la població activa.

El turisme: font d'ingressos i treball

Dins del sector terciari, a Catalunya, el turisme hi té un paper molt important, tant pels ingressos econòmics com pel nombre de llocs de treball que genera.

- Turisme de sol i platja: és la modalitat més important i es concentra a la costa.
- Turisme esportiu i de muntanya: té lloc a ports esportius i a les comarques de muntanya.
- Turisme rural: es localitza a les comarques d'interior i de muntanya.
- Turisme cultural: el protagonitzen turistes que s'interessen per l'art, la història, els costums, la gastronomia, les festes populars, etc. dels llocs que visiten.
- Turisme urbà: és el que reben les grans ciutats. Barcelona atreu turistes de tot el món.

El comerç

El comerç és un dels serveis privats més importants. Gràcies a l'activitat dels comerciants, els consumidors tenen a l'abast (en botigues, mercats o centres comercials) tot allò que necessiten (menjar, roba, electrodomèstics, medicaments...). Hi ha dos tipus de comerç:

- Comerç interior: Té lloc dins d'un mateix país. Les mercaderies arriben als consumidors mitjançant els majoristes i els detallistes. Els majoristes compren gènere en grans quantitats als productors i, a continuació, el distribueixen als detallistes, que són petits comerciants que finalment vendran directament aquest gènere als consumidors.

- Comerç exterior: Es realitza entre diversos països. Catalunya, d'una banda, compra a altres països matèries primeres, recursos energètics i productes químics i alimentaris. D'altra banda, ven a altres països automòbils, mobles i productes alimentaris. Tot i així, importa més productes de l'exterior que no pas n'exporta.

El sector terciari presta serveis, a les persones i a les empreses. El turisme i el comerç són els serveis més importants a Catalunya.

20 Feu una llista de serveis i classifiqueu-los segons diferents criteris: a qui es presten, què ofereixen, si són públics o privats, quina importància tenen...

Q Pàgina 42

W Per saber-ne més

Fem una enquesta i n'analitzem els resultats

El nombre de fills que tenen les famílies ha canviat molt amb el temps per múltiples raons.

Per confirmar si és cert que les famílies cada cop tenen menys fills i analitzar-ne el per què, us proposem que elaboreu una enquesta a per fer-la a tres generacions de les vostres famílies.

Necessitem:

- Paper.
- Llapis.
- Ordinador.
- El full amb les preguntes de l'enquesta.

Passos a seguir:

1. Imprimim el full de l'enquesta, un cop n'hem llegit les preguntes:
   a) Quants germans has tingut? Quants éreu a casa teva en total?
   b) Has perdut algun germà? Per quin motiu? Quina edat tenia?
   c) Pots descriure com era casa teva i com s'hi vivia?
   d) Com era la teva alimentació quan eres petit?
   e) Quina atenció sanitària rebies quan estaves malalt?
2. Passem l'enquesta als pares, als avis i (si és possible) als besavis, o que els avis contestin la part dels besavis.
3. Fem el buidatge de les respostes i les recollim en una taula com aquesta:

Preguntes	Pares	Avis	Besavis

4. Recopilem els resultats de totes les enquestes de la classe.
5. Analitzem les dades conjuntament i ens fixem en les diferències entre els tres grups d'enquestats.

W Taller d'experimentació

21 A partir de les dades recollides a l'enquesta, responeu a les preguntes:

- Quina generació ha tingut més fills? Quina n'ha tingut menys?
- Quines creieu que en són les raons principals?
- Quina tendència hi ha a les famílies actuals: un descens o un augment de la natalitat?
- Quines diferències hi ha en les condicions de vida dels enquestats?
- Quina influència creieu que tenen aquestes condicions en el nombre de fills de les famílies?

FEM UN MÓN MILLOR

Valorem el turisme responsable

Cada cop més es té consciència que cal practicar un turisme responsable.

Aquesta manera de fer turisme comporta activitats que:

- Siguin respectuoses amb el medi natural.
- Respectin i facin conèixer la cultura i els valors de la gent que viu al lloc que es visita.
- Suposin un intercanvi positiu d'experiències entre els habitants del lloc que es visita i els viatgers.
- Els beneficis que produeixen estiguin repartits de forma justa i equitativa entre tota la població que es dedica al turisme.

L'activitat turística és una gran font de riquesa i treball.

> El turisme responsable fomenta activitats turístiques respectuoses amb el medi i amb els valors d'una comunitat.

22 Comenteu si el tipus de turisme que mostren aquestes il·lustracions és responsable o no i per què.

Argumentem punts de vista en un debat

Ens organitzarem en grups de quatre per trobar arguments a favor i en contra del turisme de masses. Farem servir una tècnica de treball cooperatiu.

Tècnica cooperativa «Barrets de color»

1. Es formen grups i es distribueixen les targetes dels barrets de color entre els membres. Cada targeta té darrere el rol que s'haurà de defensar al debat del grup.
2. Els membres de cada grup que tenen el mateix rol es reuneixen durant 15 minuts per trobar arguments i exemples que defensin el seu punt de vista en relació amb el cas plantejat.
3. Individualment, cadascú recull per escrit els arguments que defensarà en el grup.
4. Es torna a formar el grup inicial i es debat el cas, fent servir els arguments acordats. Al final, cal arribar a un acord d'equip.

23 Debateu sobre si és beneficiós o no el turisme de baix cost o de masses. Després, responeu a les preguntes següents:

- Quins arguments a favor heu aportat? Quins en contra?
- Quins raonaments han estat més convincents?
- A quines ciutats catalanes es dóna aquest tipus de turisme?
- Quina alternativa es pot oferir al turisme de masses?

24 Com ha anat el treball cooperatiu?

- Heu estat capaços de resoldre tots els passos individualment i junts?
- Tots els membres del grup heu defensat correctament els vostres arguments?
- Heu arribat a una solució del cas de forma consensuada?

Zona Clic

Català | Matemàtiques | Ciències | Música | Castellà

Elaboreu una presentació digital de diapositives

- Alguns programes ens permeten presentar informació sobre un tema de manera atractiva i dinàmica. Estan dissenyats per fer presentacions pràctiques amb text esquematitzat i fàcil d'entendre, animacions de text i imatges, sons...

  Els principals programes de presentacions són l'Impress d'OpenOffice i el PowerPoint de Microsoft.

1r

Obrim el programa de presentacions que escollim.

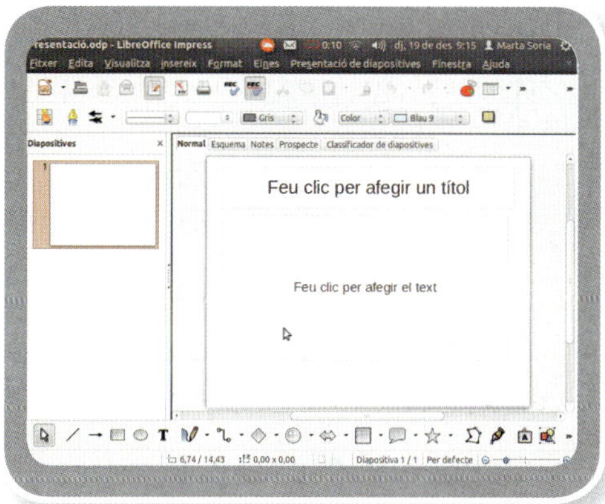

2n

A la primera diapositiva, posem el títol de la presentació, una imatge representativa i el nom dels autors.

3r

Cada una de les diapositives següents ha de presentar una idea diferent (text) sobre el tema i amb suport d'imatges.

4t

Un cop fetes les diapositives, podem afegir animacions al text o a les imatges, així com algun so o música.

5è

Com a cloenda de la presentació, podem escriure un eslògan, una dita, una cita d'algun personatge... relacionat amb el tema exposat.

- Elaboreu una presentació que tracti les activitats econòmiques més rellevants de la vostra localitat o comarca, o els canvis demogràfics que ha experimentat en els darrers cent anys.

W Zona clic

HEM APRÈS

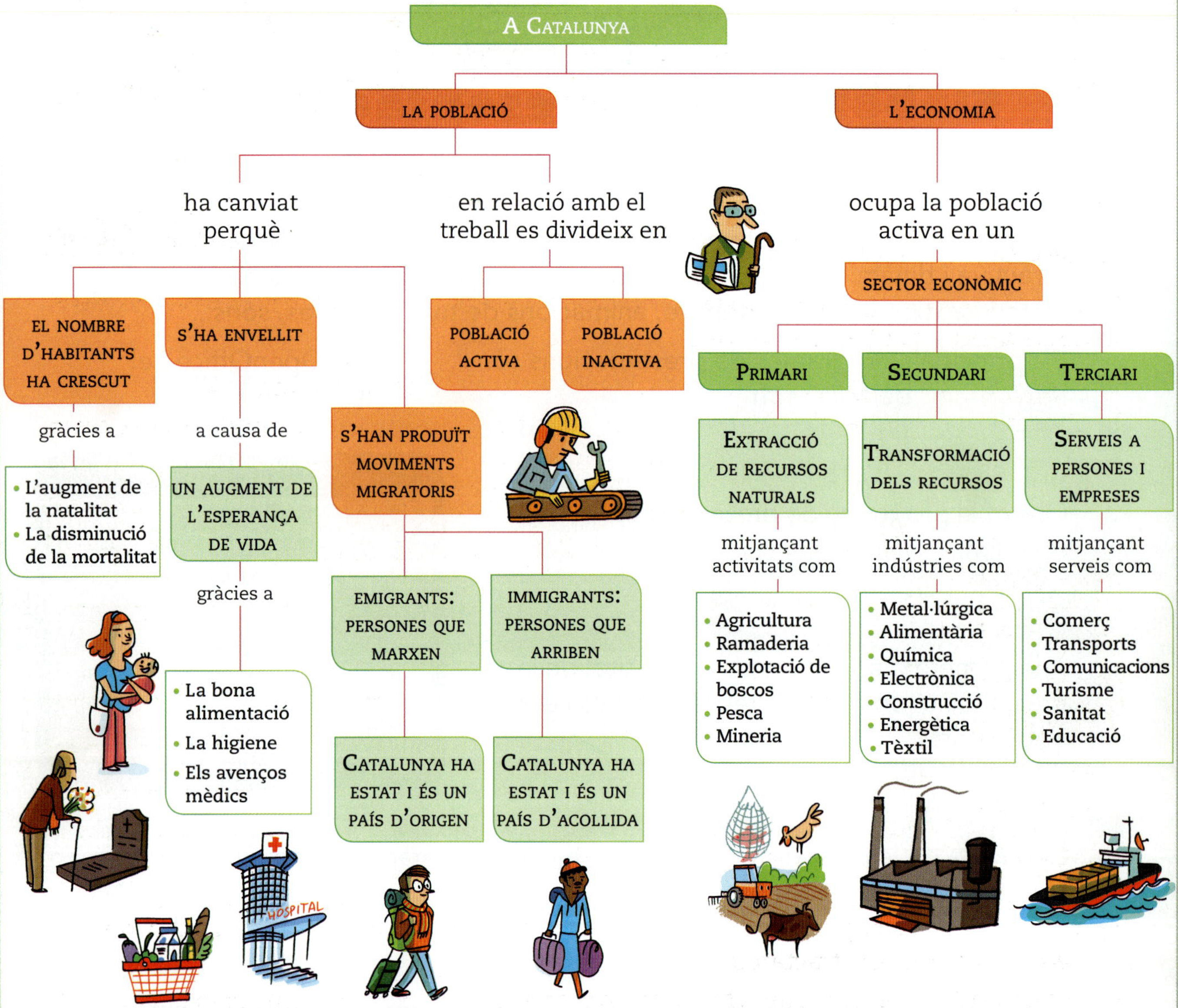

25 Jugueu al joc de les definicions:

Cadascú escriurà en un full en blanc una paraula clau de la unitat i passarà el full a un company. Durant mig minut, el company haurà de redactar-ne la definició. A continuació, aquest company escriurà una altra paraula clau i passarà el full perquè el primer company que ha escrit la defineixi. Aquest procés es repetirà tantes vegades con paraules vulgueu definir. Guanya qui hagi escrit més definicions correctes.

26 Imagineu que l'ajuntament del vostre municipi us encarrega fer un estudi de la població i l'economia. Quins aspectes hauríem de tenir en compte? Expliqueu què és i què contempla cadascun d'aquests aspectes.

Q Pàgines 43 i 44

Mapa conceptual
Autoavaluació

HEM APRÈS

27 Voleu muntar una casa de colònies o una granja escola que ofereixi estades a escoles, grups d'esplai, famílies, etc.?

Haureu de planificar tot el material i els productes que necessitareu per a què la casa de colònies funcioni correctament amb tots els serveis. Per fer-ho, haureu de:

a) Organitzar-vos en grups i distribuir-vos les tasques de recerca d'informació.

b) Consensuar el material i els productes necessaris amb l'ajuda d'una taula com aquesta:

	Quins productes necessitareu?	Quina indústria o servei us els proporciona?	A quin sector econòmic pertany?
Equipaments			
Serveis bàsics			
Menjador			
Personal			
Administració			
Tallers (bestiar)			
Tallers (hort)			

c) Decidir com aconseguireu els diners per comprar aquests productes i el nombre de treballadors que contractareu.

d) Dissenyar la publicitat que fareu servir per atraure a un turisme responsable.

- Quan tingueu el negoci muntat, expliqueu a la resta de la classe què ofereix la vostra casa de colònies i què la diferencia de les altres.

28 Reflexioneu:

- **Abans de començar penseu si...** Heu entès què s'ha de fer? Qui o què us pot ajudar?
- **Atureu-vos a mitja feina i penseu si...** Heu de tenir en compte més coses de les previstes? Funciona correctament el vostre grup de treball?
- **Valoreu com ho heu fet:** Esteu contents del resultat? Què és el que us fa sentir més satisfets? I el que menys? Us heu oblidat algun aspecte important?

6 LA REPRODUCCIÓ HUMANA

De la fecundació a l'edat adulta

Viatge virtual

PENSEM i PARLEM

1 La fotografia de la pàgina anterior mostra un ésser humà tot just acabat de néixer. Si compareu fotografies vostres de quan vau néixer i d'ara, segur que hi trobareu grans diferències.

- Però abans de néixer, com éreu? Quin aspecte teníeu?

2 Observeu amb atenció aquestes dues ecografies. Contesteu les següents preguntes:

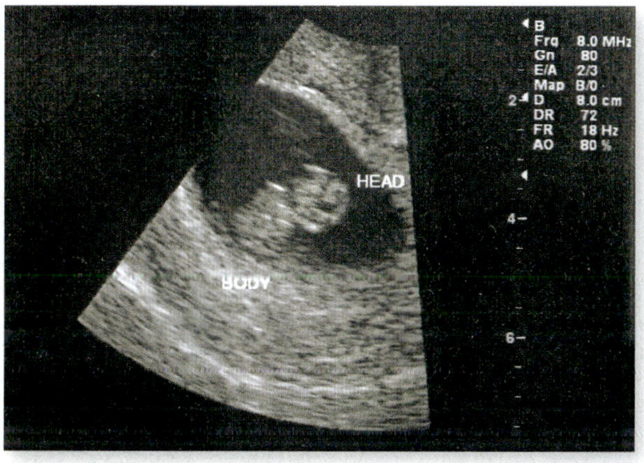

Ecografia d'un embrió de 8 setmanes.

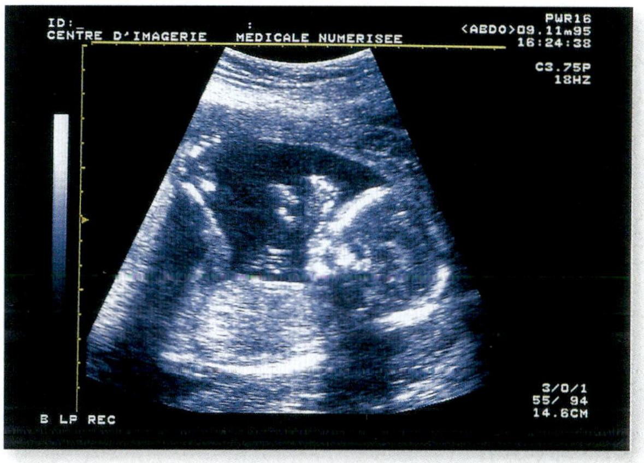

Ecografia d'un fetus de 22 setmanes.

- Què és una ecografia? Per a què serveix? Heu vist alguna ecografia vostra o d'algú de la família d'abans de néixer?
- Quines diferències hi ha entre aquest embrió de 8 setmanes, el fetus de 22 setmanes i el nadó que apareix a la pàgina anterior?
- Què creieu que ha passat mentre ha anat creixent?
- Per a què serveix el cordó umbilical?
- Quant de temps dura un embaràs?
- A quina part del cos de la mare es desenvolupen l'embrió i el fetus?

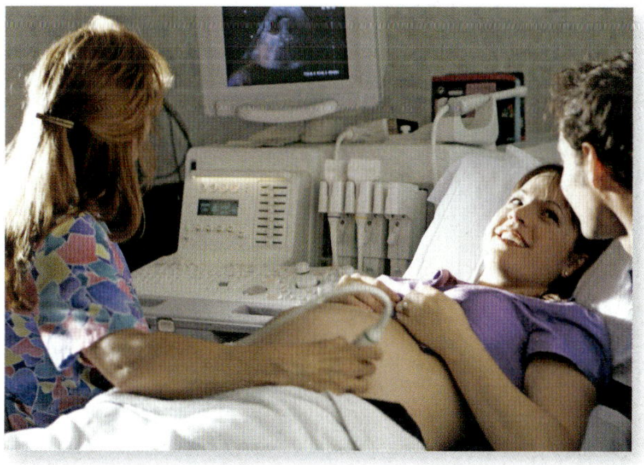

Els metges poden saber l'estat de l'embrió o del fetus fent una ecografia a la mare.

ORGANITZEM EL QUE SABEM

3 La reproducció humana és sexual. Perquè es formi un nou ésser humà, són necessàries les cèl·lules reproductores de dues persones. La dona aporta l'òvul i l'home l'espermatozoide.

- Sabeu on es formen aquestes cèl·lules?
- A quina edat comencen a formar-se?
- I quants se'n formen?

4 Treballeu les paraules clau de la unitat que apareixen en aquesta il·lustració seguint els passos que hi ha a sota:

1. Classifiqueu les paraules en conegudes i desconegudes.
2. Després poseu la classificació en comú amb la resta de companys.
3. Inventeu frases amb les paraules que ja coneixeu.
4. Feu quadrants de vocabulari per a cada paraula que no conegueu.

5 Observeu el mapa conceptual següent i parleu-ne entre vosaltres.

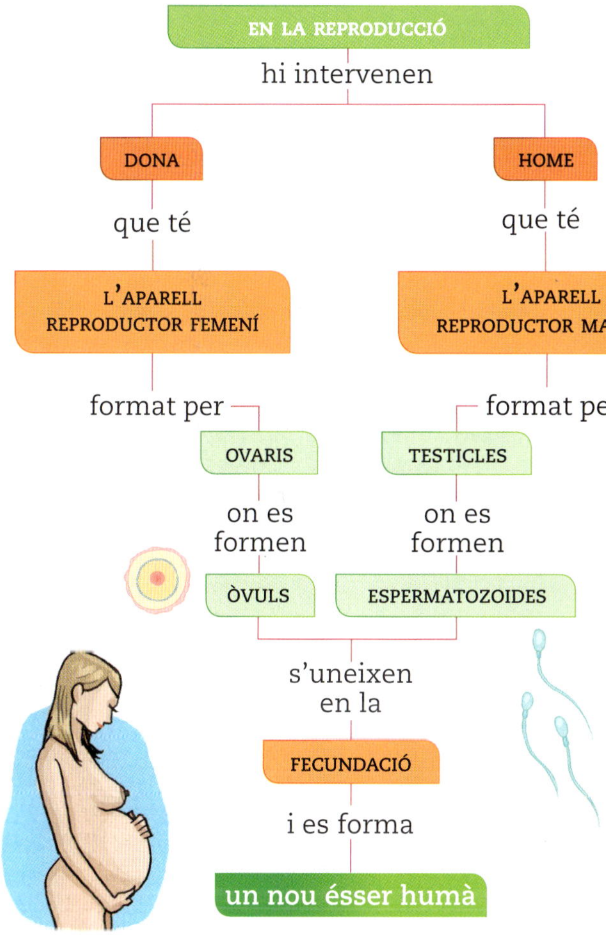

6 Feu un dibuix esquemàtic de com creieu que s'alimenta i respira un fetus dins de la panxa de la mare.

- Al final d'aquesta unitat, us tornareu a mirar el dibuix que heu fet i, amb tot el que haureu après, hi fareu les correccions que calguin.

Aprendrem...

- Quines són les etapes del desenvolupament humà.
- A identificar les diferents parts dels aparells reproductors masculí i femení.
- Què passa durant el procés de l'embaràs.
- A descriure millor.
- A reflexionar sobre les nostres actituds.

Per poder...

- Entendre els canvis que experimentarem fins a fer-nos adults.
- Explicar com funciona la reproducció en els humans.
- Saber com es forma un ésser humà.
- Explicar-nos més bé.
- Valorar i respectar a tothom.

EL NOSTRE COS CANVIA

Parlem del pas de la infància a la pubertat

Quan ens mirem al mirall, o mirem les persones que ens envolten, normalment no observem cap canvi. Però si mirem fotografies de fa un cert temps, aleshores les diferències sí que són clares.

- Recordeu les fotografies que us van fer quan feia poc que havíeu nascut? I les de fa un parell d'anys? Què ha canviat? Només us heu fet més alts o han canviat més coses?

Si mirem fotografies de persones de diferents edats ens serà fàcil saber si es tracta d'un nadó, un nen, un adolescent o un adult.

- En aquestes fotografies, què us indica l'edat de la persona?
- Quines característiques fan que puguem distingir un nen o nena de 9 anys d'un adolescent de 15? I d'un adult?
- Els canvis només són físics o també canvien els interessos, els costums, les relacions amb els altres?

7 Penseu en un germà o germana més gran o en algun adolescent que conegueu de fa temps. Descriviu com era quan era un nen i com és ara. Penseu tant en els canvis físics com en els canvis en la manera de pensar.

Els canvis en el cos humà

La pubertat

La pubertat és el procés de canvis físics que es donen entre la infància i l'edat adulta, al principi de l'adolescència. Cada persona madura a un ritme diferent, però en la majoria de casos aquest canvi comença entre els 9 i els 14 anys. En general, les noies experimenten els canvis abans que els nois.

Una etapa de canvis

Mentre madurem, ens fem més alts. Però també es produeixen altres canvis: es desenvolupen els òrgans genitals i apareixen els caràcters sexuals secundaris, que són diferents en nois i noies: la forma del cos, la veu, el pèl, el desenvolupament del pit, etc.

Els testicles dels nois comencen a produir una gran quantitat d'espermatozoides.
En les noies, els ovaris alliberen un òvul cada 28 dies i comença la menstruació.

Durant l'adolescència, també canvien la manera de pensar, els interessos, les emocions que sentim i la manera de relacionar-nos amb els altres.

L'amistat és molt important en l'etapa de l'adolescència.

El procés de canvis físics entre la infància i l'edat adulta és la pubertat. Amb la pubertat s'inicia l'adolescència.

8 Mireu bé els objectes següents. Tenen relació amb l'adolescència. Per què?

Pàgina 45

EL COS DELS HOMES

Observem com canvien els homes

Els cossos dels nens i de les nenes són molt més semblants que els d'un home i una dona adults. Les diferències en l'aspecte físic entre homes i dones augmenten amb el pas del temps.

- Quan veieu un bebè sabeu dir de seguida si és un nen o una nena?
- Us passa el mateix amb una persona de la vostra edat? Per què us és més fàcil saber-ho?

A mesura que un nen es va fent gran, el seu cos canvia. L'aparell reproductor es desenvolupa i es produeixen altres canvis en el cos. Aquests canvis s'anomenen **caràcters sexuals secundaris**.

- Quins són els caràcters sexuals secundaris que apareixen després de la pubertat?

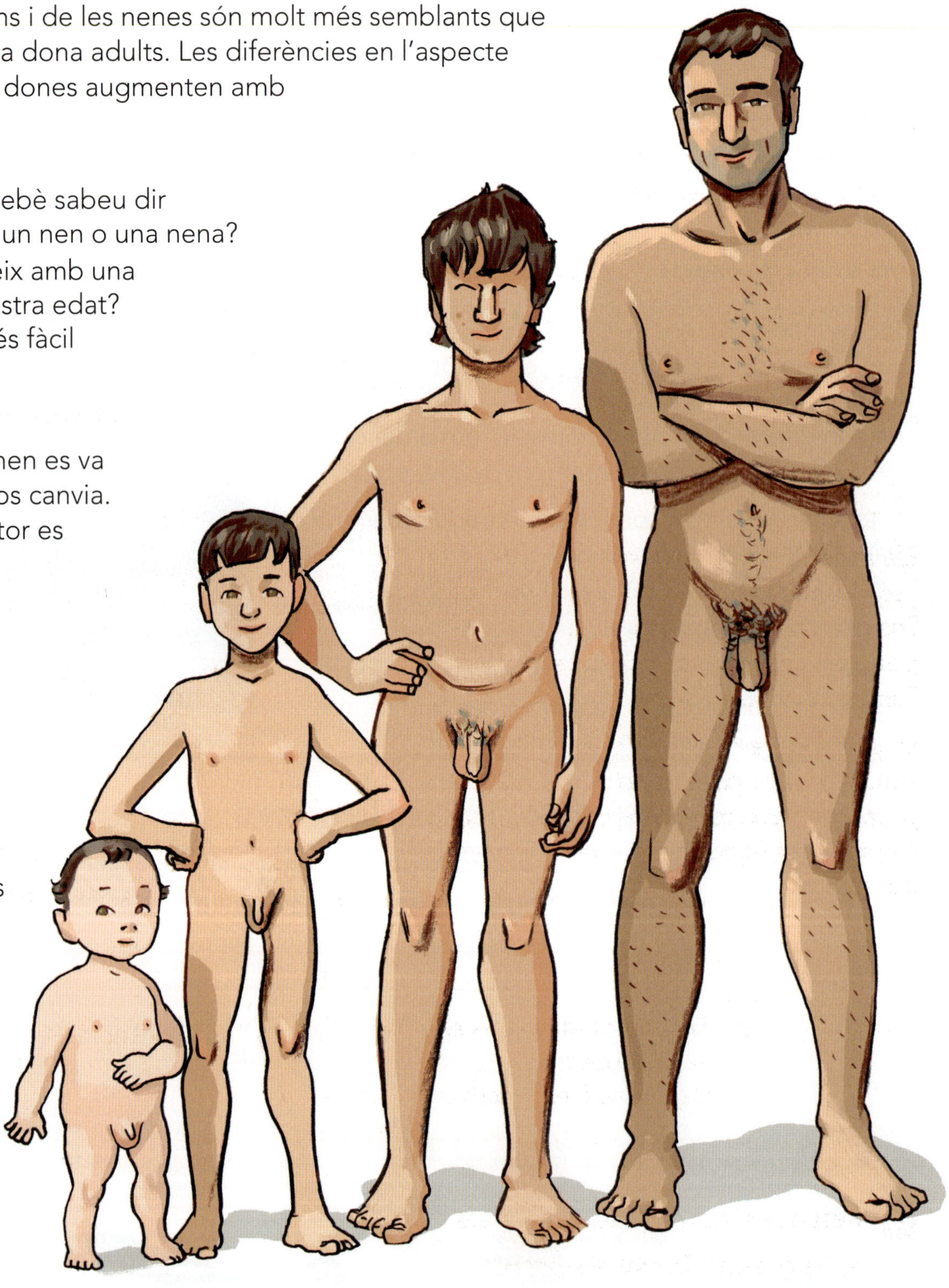

9 Mireu el dibuix i expliqueu quines diferències trobeu entre les quatre persones.

La reproducció en els homes

L'aparell reproductor masculí

Els testicles són dues glàndules on, a partir de la pubertat, es formen els espermatozoides. Se'n produeixen milions, de manera continuada. Els testicles estan envoltats per una bossa de pell rugosa, l'escrot.

Els espermatozoides surten a l'exterior barrejats amb líquids produïts per dues glàndules, la pròstata i les vesícules seminals. La barreja dels líquids amb els espermatozoides s'anomena semen.

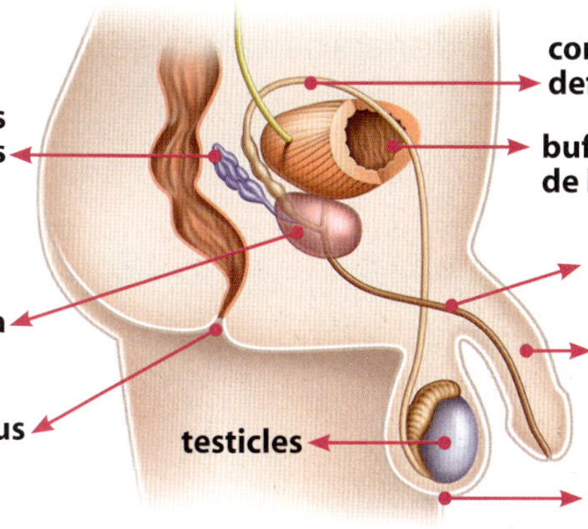

Esquema de l'aparell reproductor masculí.

El camí dels espermatozoides

Els espermatozoides surten dels testicles i són conduïts pels conductes deferents fins a la uretra. La uretra és el conducte que porta els espermatozoides fins a l'exterior. També condueix l'orina.

La uretra desemboca a l'extrem del penis. Aquest es pot posar més rígid i dur. Quan això passa, es diu que està en erecció. Durant l'erecció es produeix l'ejaculació, que és la sortida del semen.

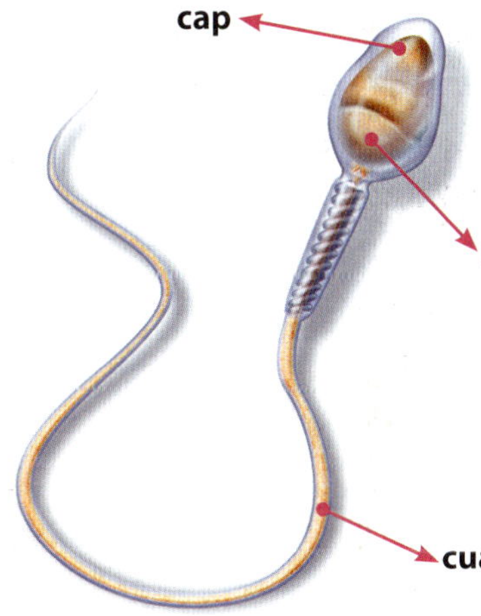

Esquema d'un espermatozoide.

i Els espermatozoides es formen als testicles. Barrejats amb el líquid de les vesícules seminals i la pròstata formen el semen. L'ejaculació és la sortida del semen.

10 Responeu les preguntes següents:

a) De què està format el semen?
b) Què són la pròstata i les vesícules seminals?
c) Quines funcions té la uretra?

Q Pàgina 46

W Per saber-ne més

EL COS DE LES DONES

Observem com canvien les dones

Si ens fixem en com és el cos d'una nena, en el d'una noia adolescent i en el d'una dona adulta ens serà fàcil identificar-hi unes quantes diferències.

Tot i que una noia de 14 anys i una de 20 tenen moltes característiques en comú (poden ser igual d'altes, per exemple), ens és fàcil saber que una és més gran que l'altra.

- Quines són les diferències que ens indiquen que una és més gran que l'altra?

A mesura que una nena va creixent, el seu cos canvia. L'aparell reproductor es desenvolupa i es produeixen altres canvis en el seu cos. Aquests canvis, igual que en els nois, s'anomenen **caràcters sexuals secundaris**.

- Quins són els caràcters sexuals secundaris que apareixen després de la pubertat?

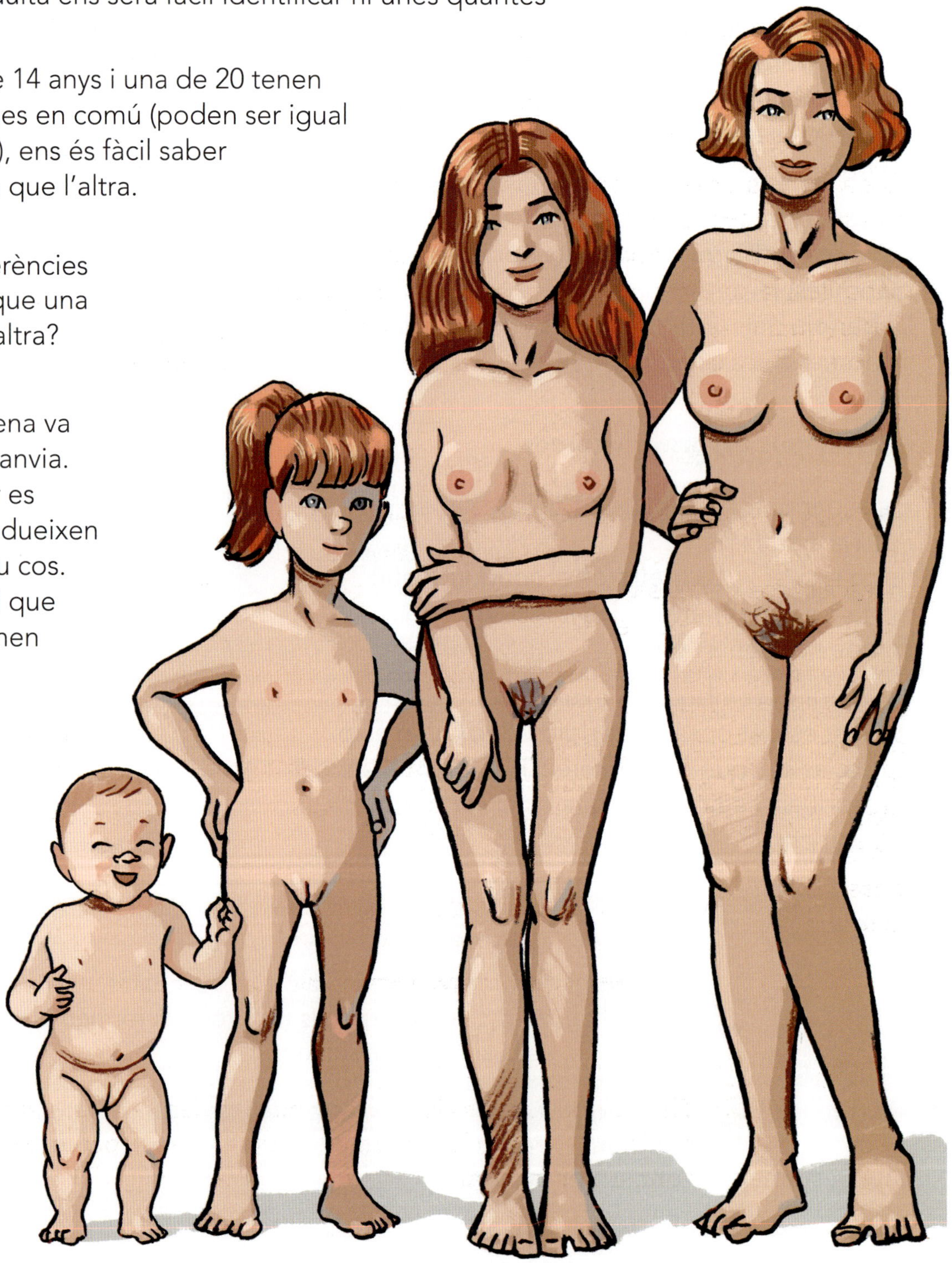

11 Mireu el dibuix i expliqueu quines diferències trobeu entre les quatre persones.

La reproducció en les dones

L'aparell reproductor femení

Els ovaris són dues glàndules que produeixen òvuls. Es troben a l'interior de l'abdomen. No comencen a funcionar fins a la pubertat. Aleshores es produeix la primera regla o menstruació.

Cada 28 dies un dels dos ovaris genera un òvul i aleshores es produeix l'ovulació. L'òvul mor al cap d'uns dies i s'elimina amb una petita quantitat de sang, que és la regla o menstruació. La menstruació no es produeix si hi ha embaràs. La producció d'òvuls s'atura al voltant dels 50 anys.

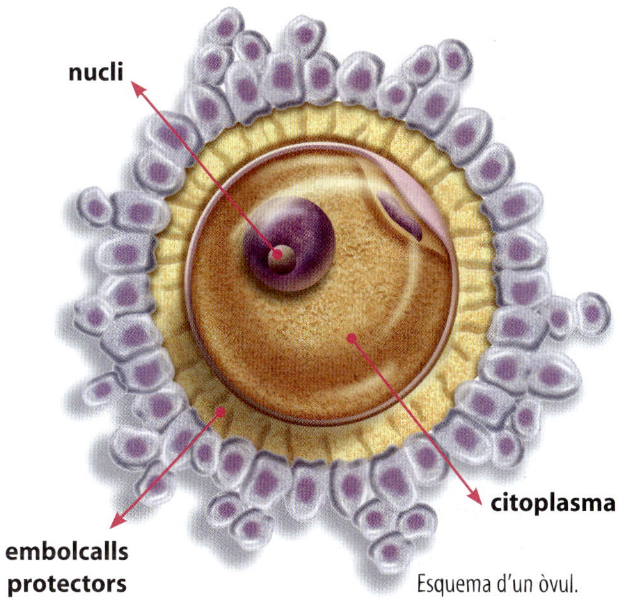

Esquema d'un òvul.

El camí dels òvuls

Els òvuls es desprenen de l'ovari i són conduïts per les trompes de Fal·lopi fins a l'úter, que és on es desenvolupa el fetus si hi ha embaràs. La vagina comunica l'úter amb l'exterior.

La vulva és la part externa de l'aparell reproductor. Està formada per dos plecs de pell, els llavis. Hi desemboca la uretra.

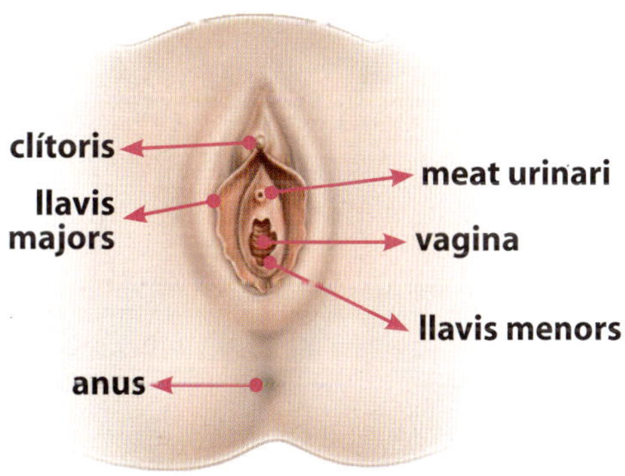

Esquema de l'aparell reproductor femení extern.

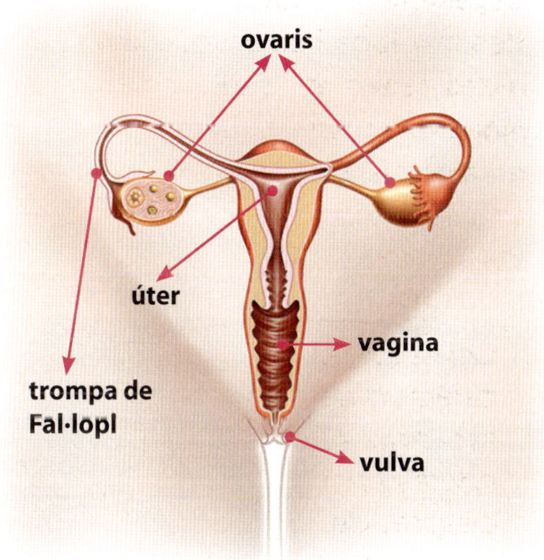

Esquema de l'aparell reproductor femení intern.

Els òvuls es formen als ovaris. Si no hi ha fecundació, s'eliminen per la vagina amb la menstruació. La vulva és la part externa de l'aparell reproductor.

12 Expliqueu la diferència entre òvul/ovari i ovulació/menstruació.

Q Pàgina 47

W Per saber-ne més

LA FECUNDACIÓ

Coneguem com s'inicia una nova vida

Tots els nens i nenes provenen d'un zigot, que és la unió de dues cèl·lules: l'òvul i l'espermatozoide. La primera cèl·lula s'ha format dins els ovaris de la mare, i la segona, dins els testicles del pare.

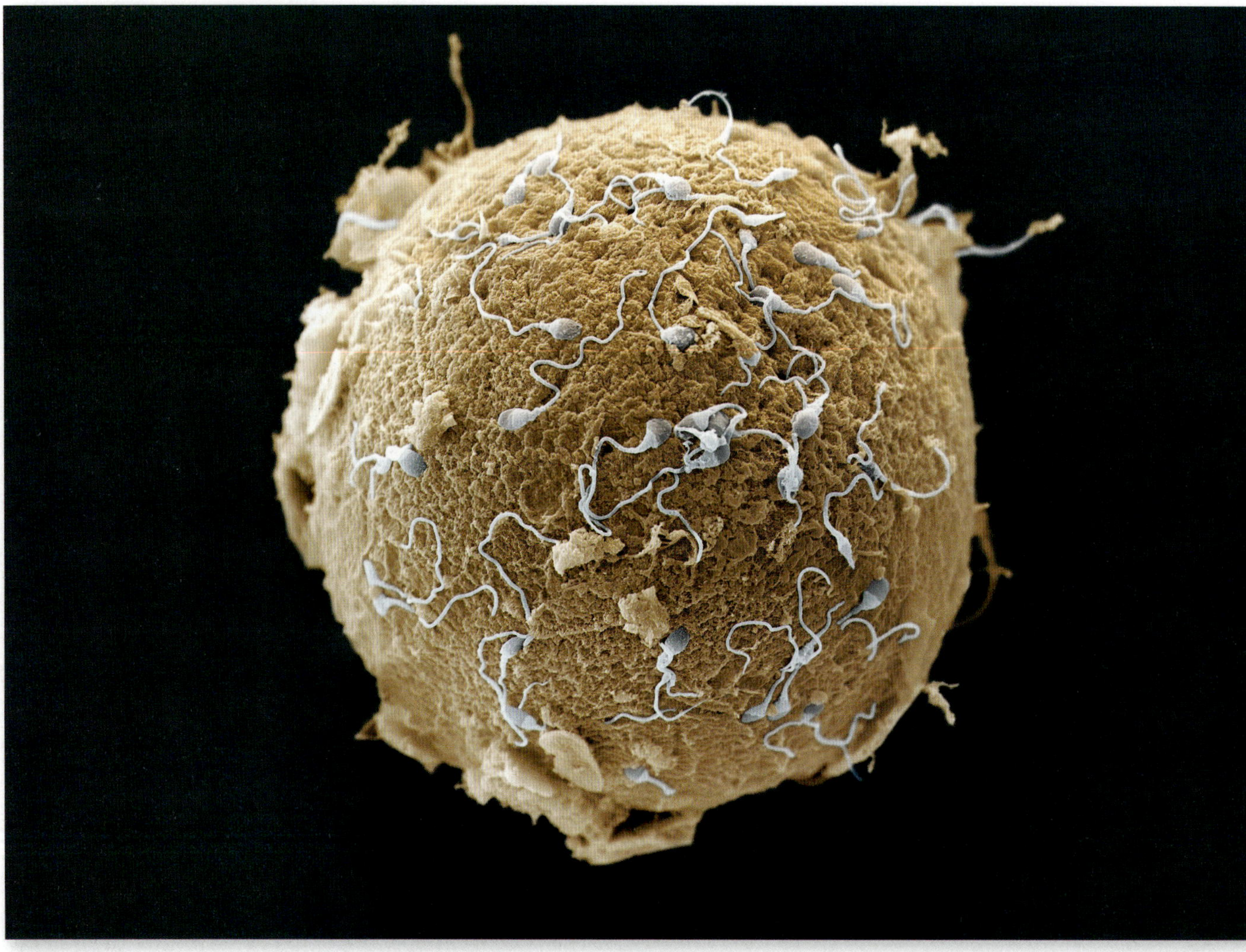

Aquest procés s'anomena fecundació, però sabeu...:

- Què ha de passar perquè es produeixi la fecundació?
- Què hi aporta la dona? I l'home?
- On es produeix aquesta fecundació?
- Què passa una vegada s'ha produït?

13 En quins llocs de l'aparell reproductor femení podem trobar òvuls? I el zigot?

El procés de la fecundació

La relació sexual

Quan un home i una dona arriben a un cert grau de maduresa i se senten atrets, poden tenir una relació sexual. Durant aquesta relació l'home introdueix el seu penis en la vagina de la dona i hi diposita el semen, que conté milions d'espermatozoides.

La fecundació

El primer pas perquè es formi un embrió és la fecundació, és a dir, que un dels espermatozoides alliberats en l'ejaculació s'uneixi a un òvul.

Els espermatozoides són més petits que els òvuls, i es poden desplaçar gràcies a la cua que tenen. D'aquesta manera, alguns arriben a les trompes de Fal·lopi, on es troben amb l'òvul. Només hi pot haver un espermatozoide que entri dins de l'òvul i el fecundi. L'espermatozoide i l'òvul fusionats donen lloc a una nova cèl·lula, el zigot, que conté la informació genètica de l'home i de la dona.

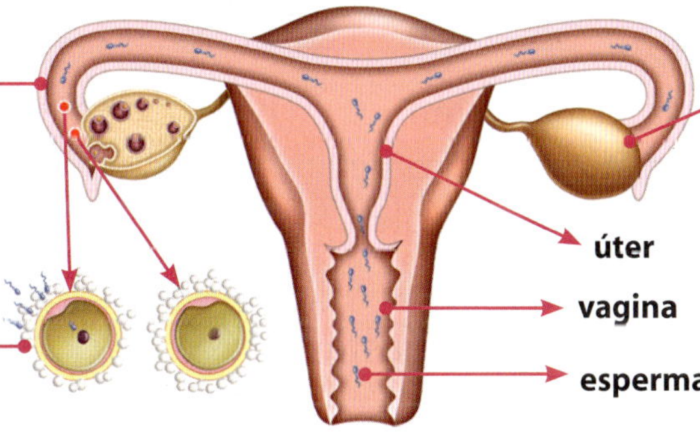

Esquema del procés natural de la fecundació.

La fecundació també es pot produir fora del cos de la dona. S'anomena «fecundació in vitro». Consisteix a extreure els òvuls i els espermatozoides i a unir-los dins d'una proveta.

Hi ha diferents mètodes per evitar l'embaràs, que impedeixen l'arribada dels espermatozoides fins a l'òvul o que eviten l'ovulació. Són els mètodes anticonceptius.

> i La fecundació és la unió de l'òvul i l'espermatozoide. A partir de la fecundació es forma una nova cèl·lula, el zigot, que serà l'origen de l'embrió.

14 Expliqueu el camí que fan els espermatozoides des del fons de la vagina fins a l'òvul. En quin lloc es produeix la fecundació?

Q Pàgina 48

W Per saber-ne més

LA GESTACIÓ I EL PART

Coneguem com es forma un nou ésser humà

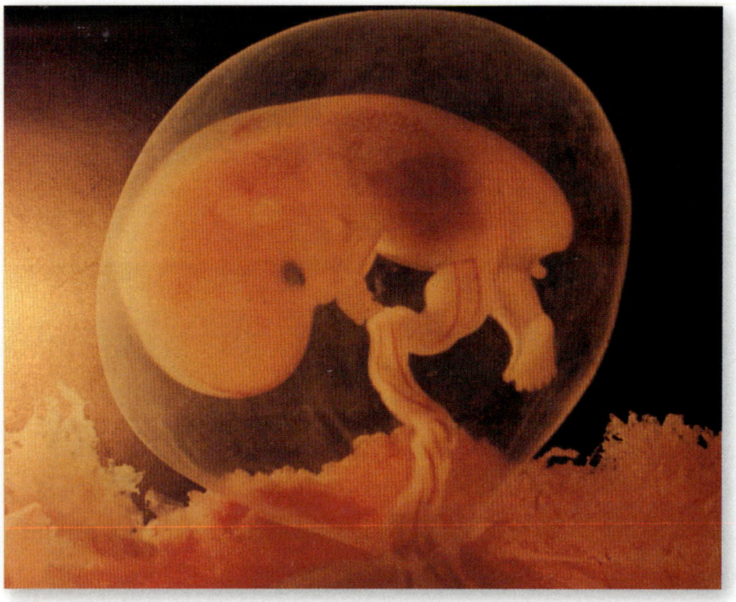

El fetus es connecta amb la mare a través del cordó umbilical.

A partir d'una sola cèl·lula, el zigot, acaba naixent un nadó, amb el cos format per milions de cèl·lules. Aquest procés dura uns 9 mesos.

- Què li ha passat, al zigot?
- Com pot haver crescut tant?
- Com s'ha alimentat?
- Com ha respirat?

Sovint trobem que dos germans s'assemblen molt, o que un nen s'assembla a la mare, al pare o a algun avi. El cas de semblança més notable és el d'alguns germans bessons.

En coneixeu algun cas? Com s'expliquen aquestes semblances dins de la família?

Abans que continueu llegint, intenteu respondre la següent pregunta:

- En el zigot que us va originar a cadascun de vosaltres, hi havia informació de la mare o el pare?

Els germans bessons s'assemblen molt perquè provenen del mateix zigot.

L'home, amb l'espermatozoide, aporta la meitat de la informació que heretarà el nadó, i la dona, amb l'òvul, n'aporta l'altra meitat. Per això els fills biològics d'una mateixa parella són semblants. Alguns bessons encara són més semblants perquè les primeres cèl·lules que es formen a partir del zigot se separen en dos grups i originen dos germans que provenen del mateix òvul i del mateix espermatozoide.

15 Contesteu: quina és la causa que els fills biològics s'assemblin als pares?

De la gestació al part

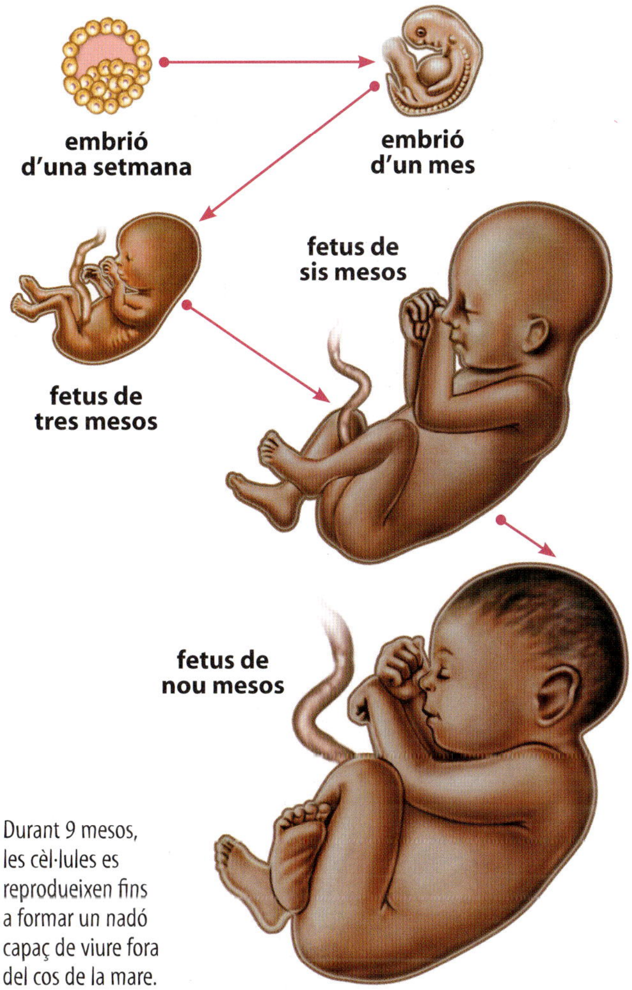

Durant 9 mesos, les cèl·lules es reprodueixen fins a formar un nadó capaç de viure fora del cos de la mare.

La gestació o embaràs

La gestació o embaràs és el període que va des de la fecundació al part, i dura uns 9 mesos.

La primera cèl·lula, el **zigot**, es divideix i forma dues cèl·lules idèntiques. Després, cadascuna d'aquestes cèl·lules en forma dues de noves, i així successivament fins a formar una boleta amb moltes cèl·lules, l'**embrió**. Els primers dies, l'embrió encara és a les trompes de Fal·lopi, però després es desplaça i s'adhereix a la paret de l'úter, on queda protegit i continua creixent.

Després de 8 setmanes, l'embrió passa a dir-se **fetus**. El fetus rep oxigen, nutrients i altres substàncies a través del **cordó umbilical**.

De vegades l'embaràs queda interromput (per alguna malaltia, malformació, etc.) i el fetus es desprèn de l'úter. Es tracta d'un **avortament** espontani. Si la interrupció de l'embaràs s'ha causat voluntàriament es tracta d'un avortament provocat.

El part

Al final de la gestació, arriba el moment del part. Les parets de l'úter comencen a contraure's involuntàriament per empènyer el nadó cap a l'exterior a través de la vagina. El **nadó** farà uns 50 cm de llarg i pesarà uns 3 quilos.

> i La primera cèl·lula formada després de la fecundació, el **zigot**, comença a dividir-se i forma primer l'**embrió** i després el **fetus**. Intercanvia substàncies amb la mare a través del **cordó umbilical**.

16 Expliqueu la diferència entre l'òvul, el zigot, l'embrió i el fetus.

Q Pàgina 49

Elaborem un mural de la gestació

Per poder entendre com s'alimenta i respira un fetus dins de la panxa de la mare, farem un mural de la gestació.

Necessitem:

- Paper d'embalar
- Retoladors

Passos a seguir:

1. Abans de fer el mural caldrà buscar la informació necessària per aclarir els dubtes que existeixin. És molt important entendre la feina que s'està fent.
2. Dibuixarem la silueta d'una dona embarassada sobre paper d'embalar i les parts que considerem necessàries. Quan dibuixem com arriben les diferents substàncies al fetus (oxigen, nutrients, etc.) podem indicar el camí amb fletxes. També podem enganxar petites explicacions damunt o al costat de la silueta. Per exemple, per a què serveix el cordó umbilical, quina funció tenen els ovaris, etc.
3. Una vegada acabat el mural, prepararem la presentació. Entre tots els membres del grup repassarem les respostes a les possibles preguntes de la classe. Tots els membres han de ser capaços d'explicar el que es demana.

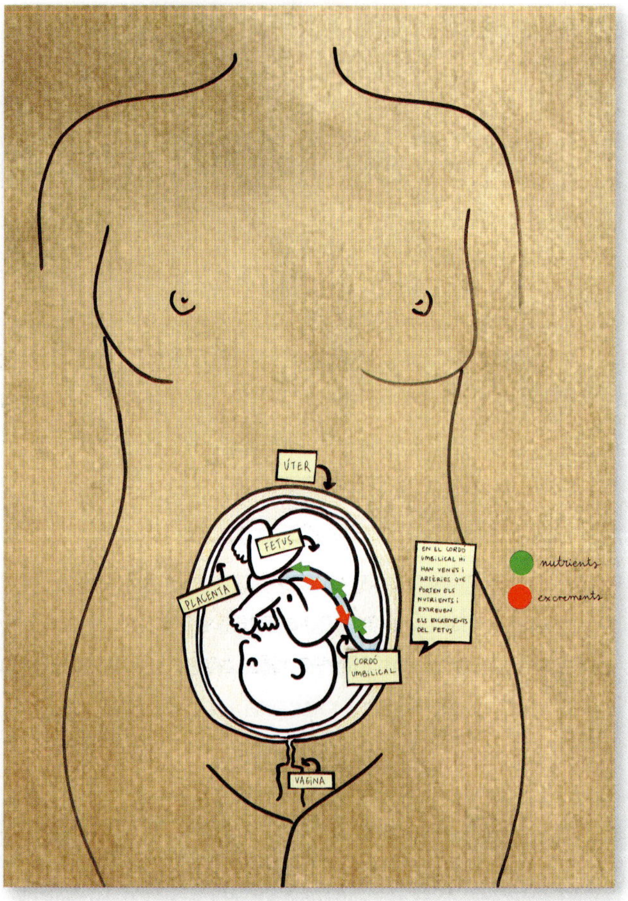

Taller d'experimentació

17 A partir del mural que heu elaborat, responeu:

a) Com arriba l'oxigen des dels pulmons fins al fetus?
b) Com s'elimina el diòxid de carboni que produeix el fetus?
c) Com arriben els nutrients des de l'intestí prim fins al fetus?
d) Quines funcions té el cordó umbilical?

FEM UN MÓN MILLOR

Reflexionem sobre les nostres actituds

Durant l'adolescència, els interessos i les emocions canvien. De mica en mica, el significat i la importància que donem a paraules com «amistat», «amor», «enamorament» o «sexualitat» van canviant. Hi ha alguns aspectes que cal tenir en compte:

L'autoestima és una forma d'avaluació de nosaltres mateixos.

L'autoestima. Cadascun de nosaltres té coses positives i d'altres que es poden millorar. Tenim unes qualitats i habilitats que hem de saber valorar. Si ens trobem bé amb nosaltres mateixos, probablement els altres també se sentiran millor amb nosaltres. La manera com ens veiem influeix en la manera com ens veuen els altres.

El respecte mutu és molt important entre amics.

El respecte mutu. Cadascun de nosaltres és una persona diferent de la resta, però tot i ser diferents, ens agrada que ens respectin. Una bona manera d'aconseguir-ho és tractar amb respecte els altres, els amics i amigues, la parella quan se'n té, a tothom.

> i Durant l'adolescència és important reflexionar sobre les nostres **actituds**. Cal saber la importància de l'**autoestima** i el **respecte mutu**.

18 Com explicaríeu a un company o companya què és l'autoestima? I el respecte mutu?

Q Pàgina 50

Representem el camí dels òvuls i els espermatozoides

Ens organitzarem en grups per poder representar el camí que segueixen els espermatozoides i els òvuls. Farem una fitxa per a cada aparell reproductor i utilitzarem una tècnica de treball cooperatiu.

Tècnica cooperativa «El número»

1. El grup s'assegura que tots els seus membres comprenen la tasca plantejada. S'assigna un número a cada membre.
2. Cadascú individualment fa la tasca plantejada.
3. Una vegada esgotat el temps destinat a resoldre-la, es treu un número a l'atzar. L'alumne que té el número que ha sortit respon davant de tota la classe la pregunta que se li faci.
4. Aquest alumne representa el seu equip, i la valoració del treball de l'equip es fa a partir de la seva presentació.

19 Completeu una fitxa de l'aparell reproductor masculí i una altra de l'aparell reproductor femení per representar el camí que segueixen els espermatozoides i els òvuls.

- Tingueu en compte que, primer de tot, haureu de saber reconèixer els òrgans i les estructures de l'aparell reproductor.

20 Com ha anat el treball cooperatiu?

- Heu estat capaços de resoldre tots junts les activitats?
- Cadascú ha fet la feina que li tocava dins del grup?
- Tots els membres del grup heu participat de la mateixa manera?

Zona clic

Català · Matemàtiques · Ciències · Música · Castellà

Organitzem les idees amb un mapa o esquema de bubbl.us

L'aplicació d'Internet bubbl.us permet crear mapes conceptuals i esquemes que representen paraules i idees relacionades. Els documents que produïm es poden exportar com a imatges i els podem incloure en altres documents, apunts, presentacions, etc.

1r

Anem a Internet i entrem a l'adreça: www.e-cruilla.cat/bubbl

2n

Accedim al nostre compte o, si no en tenim, en creem un de nou. Premem «Start brainstorming» per elaborar un mapa conceptual o esquema.

3r

Utilitzem les eines que ens dóna l'aplicació per crear bombolles, escriure-hi paraules, establir lligams entre elles, fer canvis de format, etc. Per exemple, per explicar algunes possibilitats de l'aplicació, podem fer el diagrama següent:

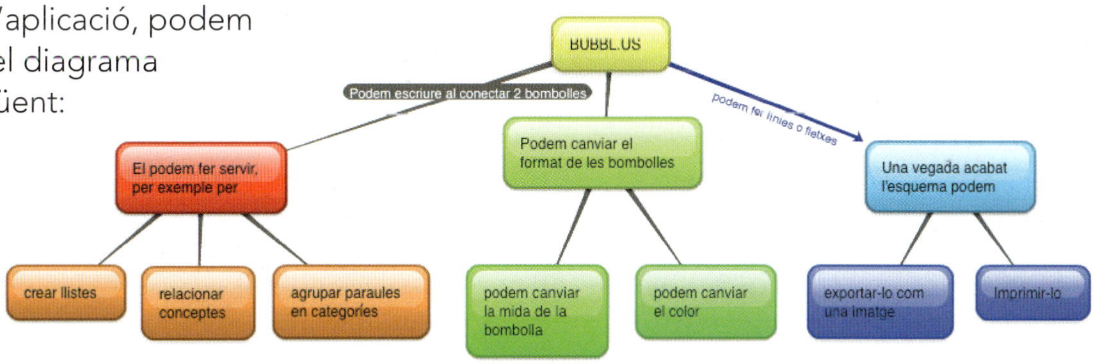

Feu una llista amb les paraules clau de la unitat i organitzeu-les per categories en un esquema amb bubbl.us. Per exemple: home/dona, parts de l'aparell reproductor, cèl·lules que s'hi formen, canvis que es produeixen... Podeu afegir-hi les categories que us sembli, sempre que us ajudin a recordar tot el que heu estudiat.

Zona clic

HEM APRÈS

EN LA REPRODUCCIÓ HUMANA

hi intervenen

- **DONA**
  - durant la pubertat ha sofert → **canvis físics**
  - que té → **L'APARELL REPRODUCTOR FEMENÍ**
    - format per → **trompes de Fal·lopi, úter, vagina** i **OVARIS**
    - on es formen → **ÒVULS**
- **HOME**
  - que té → **L'APARELL REPRODUCTOR MASCULÍ**
    - format per → **TESTICLES** i **conducte deferent, uretra, penis, pròstata, vesícules seminals**
    - on es formen → **ESPERMATOZOIDES**
  - durant la pubertat ha sofert → **canvis físics**

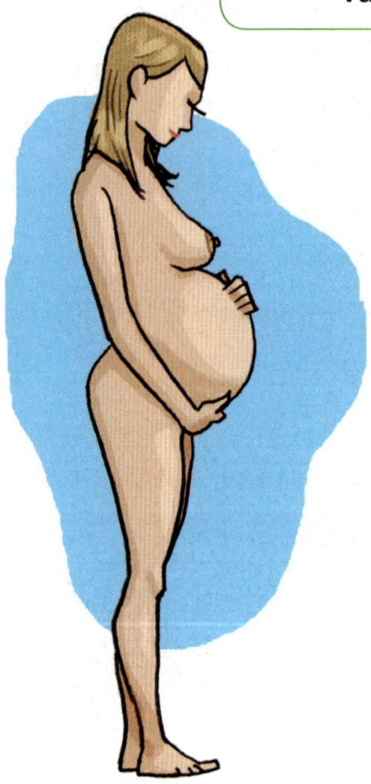

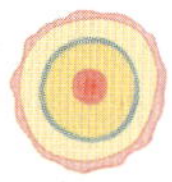

Si no hi ha fecundació es produeix la **menstruació**

s'uneixen en la **FECUNDACIÓ**

i es forma el **zigot**

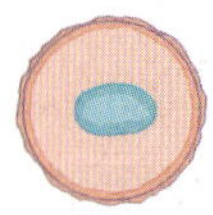

i després **l'embrió i el fetus**

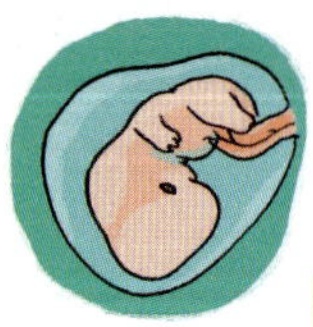

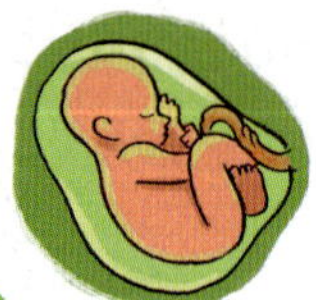

un nou ésser humà

21 Jugueu al bingo de les paraules clau.

- Cadascú tindrà una targeta amb 6 paraules diferents. S'aniran llegint les definicions de les paraules clau. Si creieu que la definició és la d'alguna de les paraules de la vostra targeta, ratlleu-la. Quan les tingueu totes ratllades, aviseu i llegiu les paraules de la vostra targeta amb la definició corresponent.

22 Inventeu frases correctes que tinguin com a mínim les expressions següents:

a) Òvul, espermatozoide i fecundació.
b) Canvis, pubertat i home.
c) Canvis, pubertat i dona.
d) Fecundació, zigot, embrió i fetus.

Q Pàgines 51 i 52

Mapa conceptual
Autoavaluació W

HEM APRÈS

23 Imagineu-vos que formeu part d'un grup de treball i que heu de fer una presentació sobre la reproducció humana. Per preparar-la, tota la classe ha escrit notes amb dubtes sobre el tema:

El meu germà, que acaba de començar secundària, està canviant. Li està sortint bigoti, té algun granet a la cara (em sembla que es diu «acne»), i cada dia té més força. Ell diu que és cosa de les hormones, però jo no sé què són ni què li està passant. Què hi tenen a veure, les hormones? Què li està passant, al meu germà? Experimentarà més canvis? Quins? Li marxaran els grans?

Tinc una amiga que no entén del tot el que li està passant. Se li han fet les cuixes una mica més gruixudes, li està creixent el pit i li ha vingut la regla. També li ha sortit acne. Li diuen que és adolescent. Què li passa? Per què es té la regla? Quan la tingui, pot fer vida normal com sempre? Pot fer esport? S'ha de preocupar per alguna cosa? Experimentarà altres canvis? Quins?

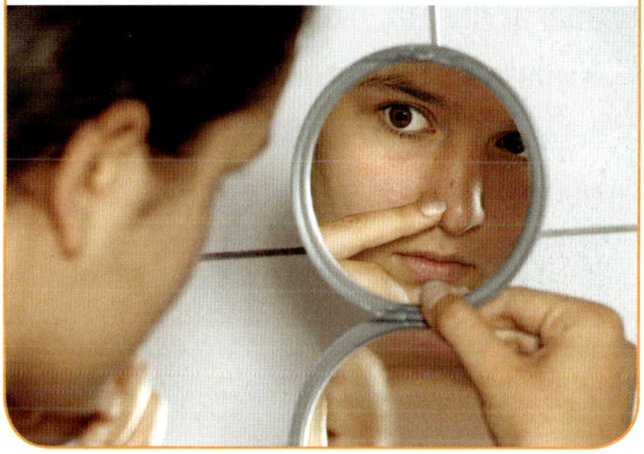

- Heu d'escollir una d'aquestes notes, consultar els llibres i documents que calgui i redactar una explicació per aclarir tots els dubtes.

24 Reflexioneu:

- **Abans de començar penseu...** Com ho podeu fer? Us heu organitzat la feina? Què necessiteu?
- **Atureu-vos a mitja feina i penseu si...** Ho esteu fent bé? Com ho podeu comprovar? Heu de fer canvis?
- **Valoreu com ho heu fet:** Heu comprovat que no us hàgiu deixat cap element? Com i on ho heu comprovat?

PROJECTE

ESTUDIEM UN CENTRE COMERCIAL

Qui de vosaltres no ha estat mai en un centre comercial? Aquestes grans superfícies estan sempre plenes de gent, perquè s'hi poden fer moltes activitats: comprar, menjar, anar al cinema... Són espais típics de l'època actual i tenen partidaris i detractors.

Analitzareu com és un centre comercial i presentareu la informació en un pòster digital, que us permetrà incloure gràfics, textos, fotografies, vídeos i àudios.

Què necessiteu

- Una càmera digital multimèdia
- Un processador de textos
- Un ordinador amb accés a Internet
- Un projector digital

Com ho fareu

1r Heu de decidir en quins aspectes us centrareu:

- Tipus de comerç que hi ha en un centre comercial.
- Llocs on estan ubicats.
- Nombre d'usuaris.
- Conseqüències en el territori de la presència d'un centre comercial.
- Enquestes d'opinió sobre els centres comercials.
- La publicitat en els centres comercials.
- L'arquitectura i la decoració dels centres.
- ...

2n Cerqueu informació sobre els continguts que voleu transmetre:

- Dades numèriques.
- Opinions.
- Imatges.
- Notícies.
- Publicitat.
- ...

3r Repartiu-vos les feines que cal fer:

- Cercar dades
- Fer enquestes
- Cercar imatges, vídeos i àudios
- Elaborar textos
- Fer fotografies
- Fer mapes
- Fer enregistraments de vídeo i de so
- ...

4t Visiteu el centre comercial que estudieu almenys una vegada durant el projecte.

5è Munteu el mural digital. A la xarxa hi ha diferents aplicacions que permeten elaborar un mural digital, com Mural.ly, Padlet o Glogster.

- Planifiqueu la distribució de la informació sobre paper abans de començar a treballar a Internet.
- Penseu i escriviu un títol ben atractiu per al pòster.
- Afegiu-hi text, fotos, vídeos i àudios.

6è Feu una revisió final dels textos per evitar oblits, faltes d'ortografia o errors de picatge. No us oblideu de citar les fonts que heu consultat.

7è Presenteu el pòster a la resta del grup amb una projecció i una explicació.

7 L'ORGANITZACIÓ POLÍTICA DE CATALUNYA

Catalunya: comunitat autònoma

Viatge virtual

PENSEM i PARLEM

1 Observeu el mapa de la pàgina anterior i comenteu entre vosaltres què sabeu de la distribució territorial de Catalunya.

- Quines divisions i subdivisions territorials mostra? Per què creieu que són d'aquesta manera?
- Com es diu el vostre municipi?
- A quina comarca pertany? Situeu-la al mapa.
- A quina demarcació o província pertany? Situeu-la també al mapa.

2 Els mitjans de comunicació ens informen cada dia de les notícies principals tant de Catalunya com de la resta del món.

Premsa escrita.

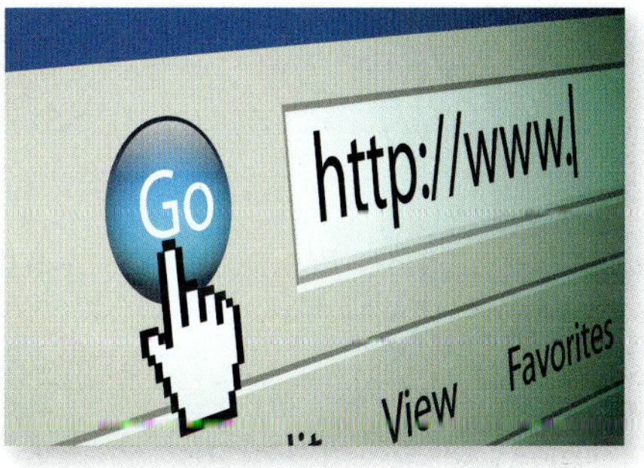

Internet.

Ràdio.

Televisió.

- A partir del que llegiu als diaris i a Internet i del que sentiu a la ràdio i a la televisió, comenteu amb un company tota la informació que teniu sobre la Generalitat de Catalunya. Anoteu-la i, després, compartiu-la amb la resta de la classe.

3 Si haguéssiu d'explicar a una persona d'un altre país com es governa Catalunya, què li diríeu? Quines serien les cinc paraules que hauríeu de fer servir obligatòriament?

4 Fixeu-vos en aquestes fotografies:

Congrés dels Diputats.

Generalitat de Catalunya.

Ajuntament de Tarragona.

- Aquests edificis pertanyen a tres de les institucions principals que governen Catalunya. Comenteu, contrasteu i compartiu el que sabeu.

a) Quin territori governa cadascuna d'aquestes institucions?
b) Com les ordenaríeu per ordre d'importància?
c) Quin nom es dóna als seus màxims representants?
d) Com s'escullen aquests representants? Qui els tria? Cada quant?

5 Treballeu les paraules clau de la unitat que apareixen en aquesta il·lustració seguint aquests passos:

1. Classifiqueu les paraules en conegudes i desconegudes.
2. Després poseu la classificació en comú amb la resta de companys.
3. Inventeu frases amb les paraules que ja coneixeu.
4. Feu quadrants de vocabulari per a cada paraula que no conegueu.

6 Què sabeu de l'organització política de Catalunya? Expandiu aquest mapa conceptual, afegint tot el que sapigueu sobre els trets identitaris i les institucions de govern de Catalunya.

- **L'organització política de Catalunya**
  - Comunitat autònoma de l'Estat espanyol
  - Estatut de Catalunya
    - Trets identitaris propis
      - Llengua
      - Cultura
      - Història
      - Símbols
    - Institucions de govern
      - Generalitat de Catalunya
        - Parlament
        - President del Govern
        - Govern
  - Barcelona, capital de Catalunya

Aprendrem...

- A identificar els trets identitaris de Catalunya.
- A distingir els òrgans de govern de Catalunya.
- La importància de Barcelona i què és l'Àrea Metropolitana de Barcelona.
- La importància dels valors del sistema democràtic.
- A llegir gràfics.

Per poder...

- Conèixer i explicar què caracteritza Catalunya com a país.
- Comprendre i explicar com és l'organització política de Catalunya.
- Entendre i explicar per què Barcelona és la capital de Catalunya.
- Tenir actituds democràtiques en situacions de la vida quotidiana.
- Obtenir, comparar i contrastar dades.

Coneixem els trets d'identitat de Catalunya

La Llei del Parlament de Catalunya de 1993 diu que l'himne nacional de Catalunya és *Els segadors*.

Un himne és una composició poètica o musical que elogia un país, una regió, un equip, una religió, etc. Aquells qui el canten se senten identificats com a part d'un col·lectiu.

La lletra d'*Els segadors* es refereix al Corpus de Sang, una revolta ocorreguda a Barcelona el 7 de juny de 1640, que va originar la Guerra dels Segadors, l'enfrontament entre els catalans i les tropes de Felip IV.

Els segadors

Catalunya, triomfant,
tornarà a ser rica i plena!
Endarrere aquesta gent
tan ufana i tan superba!

Bon cop de falç!
Bon cop de falç,
defensors de la terra!
Bon cop de falç!

Ara és hora, segadors!
Ara és hora d'estar alerta!
Per quan vingui un altre juny
esmolem ben bé les eines!

Bon cop de falç!
Bon cop de falç,
defensors de la terra!
Bon cop de falç!

Que tremoli l'enemic
en veient la nostra ensenya:
com fem caure espigues d'or,
quan convé seguem cadenes!

Bon cop de falç!
Bon cop de falç,
defensors de la terra!
Bon cop de falç!

7 Individualment, llegiu la lletra de l'himne nacional de Catalunya.

Després, comenteu-ne el significat entre tots.

- Hi ha algun mot que no coneixeu?
- Què creieu que vol transmetre l'himne? Hi esteu d'acord?

Catalunya, un país petit

Un territori petit però molt poblat

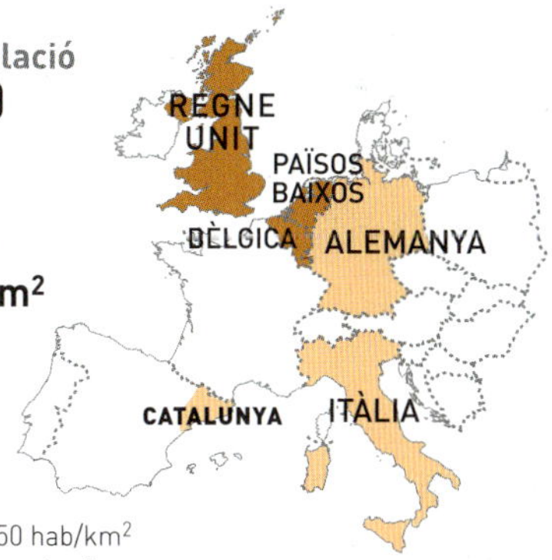

Catalunya és una **regió** europea que forma part de l'Estat espanyol.

Una regió és un territori amb una població que comparteix uns **trets identitaris**, forma part d'un estat i pot tenir un **govern propi**.

Catalunya ocupa un territori petit i té una població nombrosa en relació amb aquesta extensió. Per això té una **densitat de població** elevada.

Els trets identitaris de Catalunya

- Una **llengua** pròpia: el català.
- Una **cultura** pròpia: tradicions, festes, costums, maneres de viure i manifestacions artístiques.
- Uns **símbols** oficials: la senyera, l'himne (*Els segadors*) i la Diada Nacional (l'Onze de Setembre).

La senyera és la bandera catalana.

Catalunya és una **regió d'Europa** que forma part de l'Estat espanyol. És un territori petit però molt poblat, amb un govern i uns **trets identitaris** propis.

8 Elaboreu una línia del temps anual amb les festes tradicionals de Catalunya. Afegiu-hi també les de la vostra localitat.

Q Pàgina 53

W Per saber-ne més

CATALUNYA, COMUNITAT AUTÒNOMA

Observem l'organització política de Catalunya

Observeu aquest esquema sobre com s'elegeixen les persones que formen part dels òrgans de govern de Catalunya:

CIUTADANS DE CATALUNYA AMB DRET A VOT

— elegeixen →

DIPUTATS AL PARLAMENT DE CATALUNYA

elegeixen

GOVERN O CONSELL EXECUTIU: CONSELLERS

← elegeix —

PRESIDENT DE LA GENERALITAT DE CATALUNYA

SÍNDIC DE GREUGES

dirigeixen

CONSELLERIES O DEPARTAMENTS DE LA GENERALITAT DE CATALUNYA

El Síndic de Greuges vetlla perquè es respectin els drets de les persones:

- Els drets socials i econòmics, relacionats amb la sanitat, l'educació, l'habitatge, el medi ambient o el treball.
- Els drets civils i polítics, que afecten aspectes com ara la seguretat ciutadana, la democràcia, la participació i la política lingüística.
- Els drets de solidaritat i el dret a una bona administració també ocupen una bona part de la tasca del Síndic.

9 Analitzeu l'esquema anterior i responeu a les preguntes següents:

a) Qui elegeix a qui en el sistema democràtic?
b) Quin paper té la ciutadania en tot el procés: tria el govern, el president o els consellers? Ho fa de forma directa o indirecta?
c) On es reuneixen els diputats? I els consellers del Govern?
d) Us sembla necessària l'existència del Síndic de Greuges? Per què?

Catalunya, Comunitat Autònoma

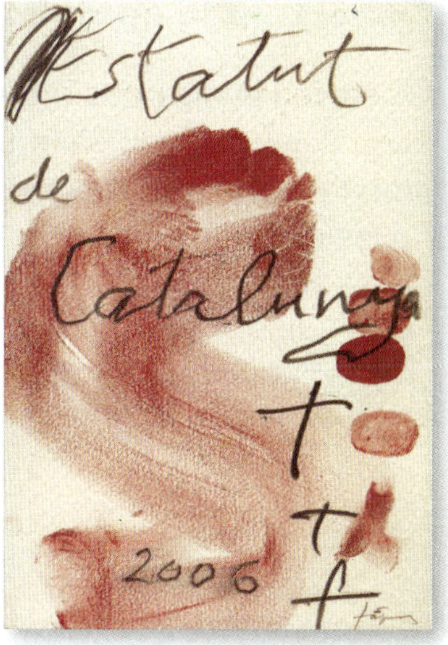

Portada de l'Estatut d'Autonomia de 2006.

Catalunya és una de les 17 comunitats autònomes de l'Estat espanyol. El seu òrgan de govern autònom és la Generalitat de Catalunya.

La Generalitat governa d'acord amb el que estableix l'Estatut d'Autonomia de Catalunya, aprovat el 2006 i votat en referèndum pel poble català. L'Estatut és la llei principal de Catalunya.

Les institucions de la Generalitat de Catalunya

La Generalitat està formada per:

- El Parlament de Catalunya: és la institució que representa els ciutadans de Catalunya. S'encarrega de fer les lleis.
- El president de la Generalitat: és la màxima autoritat de Catalunya i, per tant, és qui té major responsabilitat.
- El Govern de la Generalitat o Consell Executiu: és l'encarregat de dur a terme les lleis que el Parlament aprova.
- El Síndic de Greuges: és qui vetlla perquè es respectin els drets dels ciutadans.

El palau de la Generalitat de Catalunya, a la plaça de Sant Jaume de Barcelona.

Províncies, comarques i municipis

La Comunitat Autònoma de Catalunya està formada per quatre províncies o demarcacions: Barcelona, Tarragona, Lleida i Girona. Cadascuna aplega diferents comarques, que comprenen diversos municipis, governats per l'alcalde i els regidors dels ajuntaments respectius.

> La Generalitat de Catalunya és la institució que organitza l'autogovern de Catalunya. Es regeix per l'Estatut d'Autonomia. Està formada pel Parlament, el president, el Govern i el Síndic de Greuges.

10 Cerqueu informació sobre qui elegeix, com es componen i quines funcions tenen el Parlament, el president i el Govern de Catalunya.

Q Pàgina 54

EL PARLAMENT DE CATALUNYA

Coneixem la composició del Parlament

Observeu la distribució d'escons de la desena legislatura. Una legislatura és el període durant el qual una assemblea legislativa o parlament exerceix els seus poders. Aquest període s'inicia amb l'elecció dels membres de l'assemblea i acaba amb la seva dissolució, abans d'unes noves eleccions.

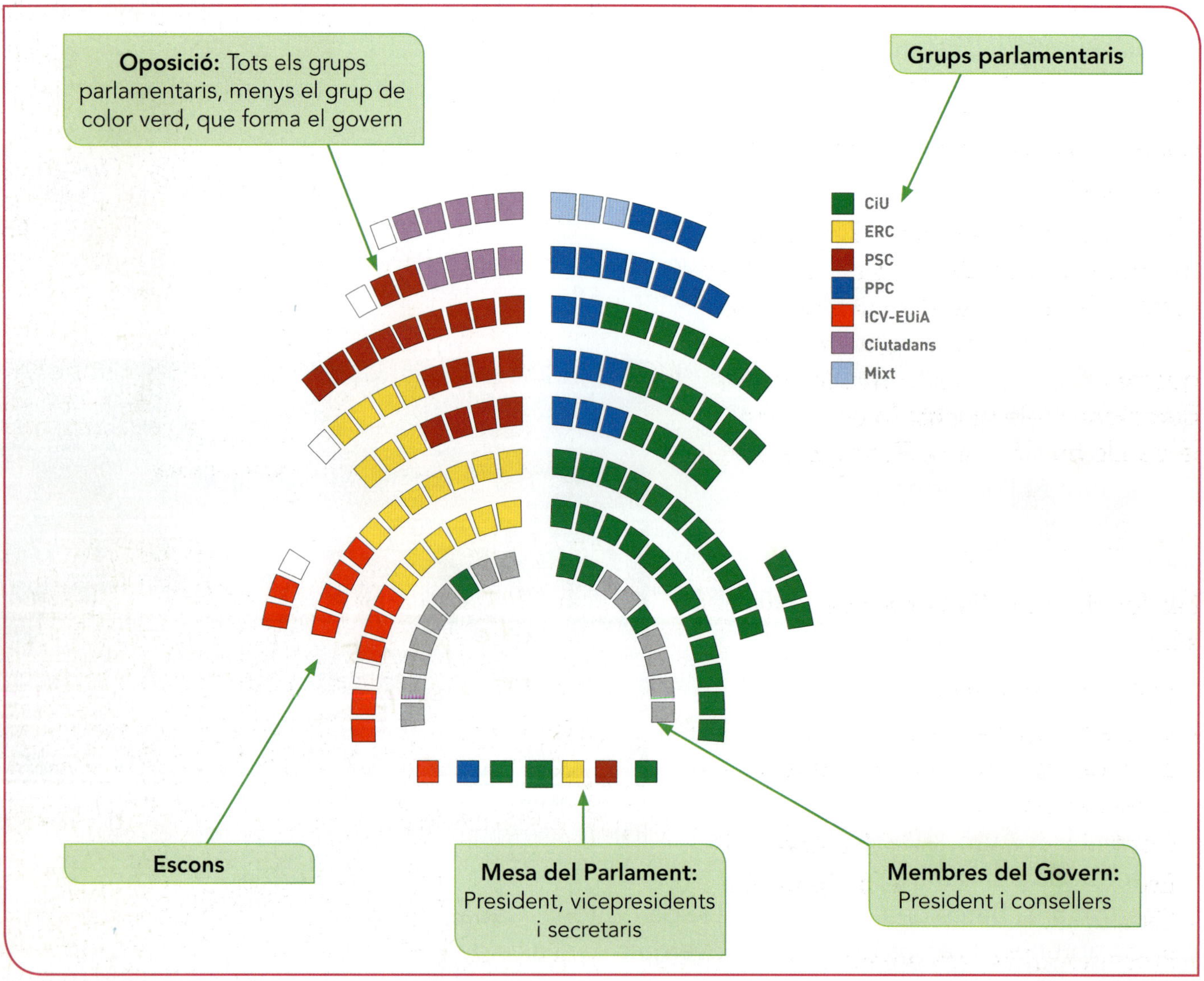

11 Analitzeu l'esquema anterior i responeu a les preguntes següents:

a) Per què alguns dels escons del Parlament assignats al Govern són de color verd i uns altres de color gris?

b) Si compteu tots els escons menys els grisos i els blancs n'hi ha 135. Creieu que els escons grisos compten com a diputats?

c) Què és el grup el grup mixt? Què el diferencia dels altres grups parlamentaris?

El Parlament de Catalunya

El Parlament és la institució que representa el poble de Catalunya.

Composició del Parlament

El Parlament està format per 135 diputats de diversos partits polítics, escollits pels ciutadans de Catalunya a les eleccions autonòmiques que se celebren cada quatre anys. Cada diputat ocupa un seient, anomenat escó.

Per tal que al Parlament hi hagi una representació equilibrada de tot el territori català, els escons es distribueixen per circumscripcions, que corresponen a les quatre províncies: la circumscripció de Barcelona n'elegeix 85; la de Girona, 17; la de Lleida, 15; i la de Tarragona, 18.

El Parlament de Catalunya, al parc de la Ciutadella de Barcelona.

Funcions del Parlament

Les funcions del Parlament de Catalunya són:

- Elaborar i aprovar les lleis.
- Elaborar i aprovar els pressupostos; és a dir, decidir com i en què destinarà els diners el Govern.
- Controlar l'actuació del Govern.
- Escollir el president de la Generalitat de Catalunya.
- Presentar, si és convenient, propostes de llei al Parlament de l'Estat espanyol.

Pla general d'una sessió del Parlament de Catalunya.

El Parlament de Catalunya és la institució democràtica que representa tots els ciutadans de Catalunya.

12 Investigueu com és l'edifici del Parlament de Catalunya. Després, feu-ne una descripció breu.

Q Pàgina 55

W Per saber-ne més

EL GOVERN DE LA GENERALITAT DE CATALUNYA

Descobrim els darrers presidents de la Generalitat

La Generalitat de Catalunya ha tingut diversos presidents els darrers cent anys. Tots ells han afrontat els reptes de l'època històrica que els ha tocat viure.

PRESIDENTS DE L'ÈPOCA MODERNA, SEGLES XX I XXI

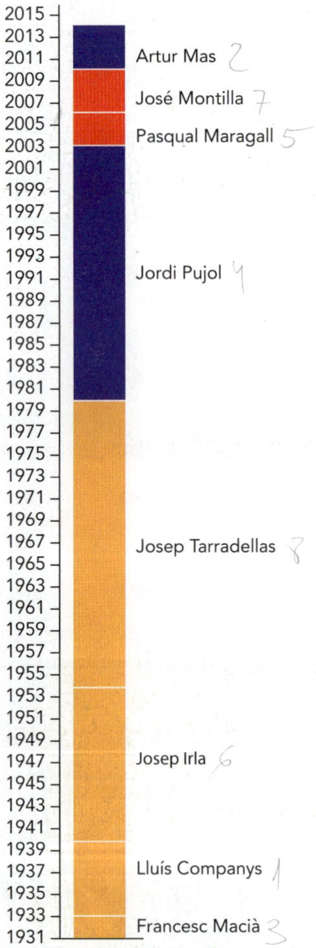

13 Busqueu més informació sobre els presidents de la Generalitat de Catalunya a l'època moderna i ompliu la taula següent:

Anys que presideix	Nom del president	Fets més importants del mandat

El Govern de la Generalitat de Catalunya

El Govern o Consell Executiu dirigeix la política i l'administració de la Generalitat de Catalunya i aplica les lleis que aprova el Parlament de Catalunya. Està constituït pel president i els consellers. Cada conseller dirigeix una conselleria o departament.

Reunió del Govern.

El president

El president de la Generalitat és la màxima representació de Catalunya. Les seves funcions són:

- Nomenar els consellers i altres alts càrrecs.
- Convocar i presidir les reunions del Govern.
- Convocar eleccions al Parlament de Catalunya.
- Mantenir relacions amb l'Estat espanyol i amb la resta de les comunitats autònomes.

Les conselleries o departaments

S'encarreguen de governar i gestionar diferents àmbits:

Presidència	Economia i Coneixement
Ensenyament	Cultura
Salut	Benestar Social i Família
Interior	Empresa i Ocupació
Territori i Sostenibilitat	Justícia
Governació i Relacions Institucionals	Agricultura, Ramaderia, Pesca, Alimentació i Medi Natural

El Govern o Consell Executiu administra i governa el territori sota el control del Parlament. Està constituït pel president i pels consellers.

14 Investigueu quines funcions i responsabilitats té cada un dels departaments o conselleries del Govern català.

Q Pàgina 56

BARCELONA

Descobrim la capital de Catalunya

Barcelona es troba a la plana litoral, entre el riu Besòs i la muntanya de Montjuïc. És una ciutat poblada des de la prehistòria. El seu nom ve del nom llatí Barcino, que és com s'anomenava en temps de l'imperi romà.

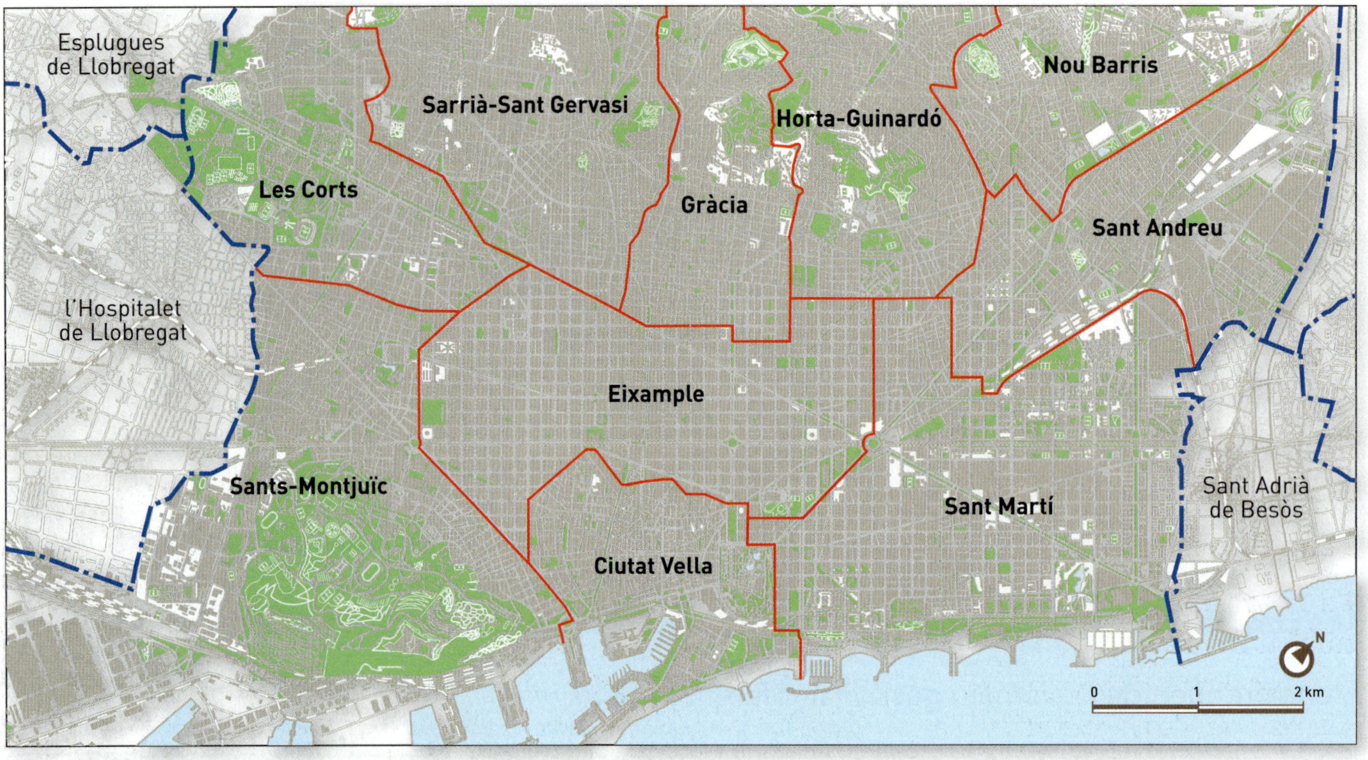

15 Situeu al plànol de Barcelona:

- la plaça de Catalunya
- l'Estadi Olímpic Lluís Companys
- la plaça de Sant Jaume
- la Sagrada Família
- l'estàtua de Colom
- la muntanya de Montjuïc
- la Vila Olímpica
- el parc de la Ciutadella
- l'Hospital de Sant Pau
- el camp del FC Barcelona
- el Tibidabo
- el port
- el riu Besòs
- el Fòrum
- el parc Güell

- Després, busqueu on podeu:

gaudir d'un concert de música clàssica • gaudir de l'entorn natural
passejar per una gran avinguda • visitar la Generalitat i l'Ajuntament
prendre el sol i banyar-se • comprar en un mercat • observar animals salvatges
visitar un castell • agafar un tren de llarg recorregut • visitar un museu.

- Finalment, debateu sobre els avantatges i els inconvenients de viure en una gran ciutat com

Algunes dades sobre Barcelona

Barcelona, capital de Catalunya

Barcelona és la capital tant de la Comunitat Autònoma de Catalunya com de la província que porta el seu nom. La ciutat concentra les institucions principals de la Generalitat de Catalunya: el Parlament, el Govern i la major part de conselleries. També hi ha la representació de l'Administració General de l'Estat.

Barcelona, amb la seva regió metropolitana, concentra una gran activitat econòmica i comercial. També és un centre clau de la cultura, les arts i el lleure.

L'Àrea Metropolitana de Barcelona

Barcelona té una població de 1.620.943 habitants, que viuen en una superfície de 101,4 km^2. És la segona ciutat més poblada de l'Estat espanyol.

La ciutat és el principal nucli urbà de l'Àrea Metropolitana de Barcelona, l'aglomeració urbana més gran de Catalunya, que inclou, a més de Barcelona, 36 municipis propers. En total, a l'Àrea Metropolitana de Barcelona hi viuen 5.012.961 habitants en una extensió de 633 km^2, el 70 % de la població catalana.

Municipis que integren l'Àrea Metropolitana de Barcelona.

Barcelona és la capital de la comunitat autònoma de Catalunya, així com de la província que porta el seu nom.

16 Feu una llista dels municipis que formen l'Àrea Metropolitana de Barcelona. Quines comarques inclou? Com penseu que era aquest territori fa 100 anys?

Q Pàgina 57

W Per saber-ne més

Comparem dades entre països

Per poder saber a què ens referim quan diem que «Catalunya és un país petit» la compararem amb dades d'altres països de la Unió Europea.

Necessitem:

- Un gràfic amb les dades bàsiques de Catalunya de l'any 2012:

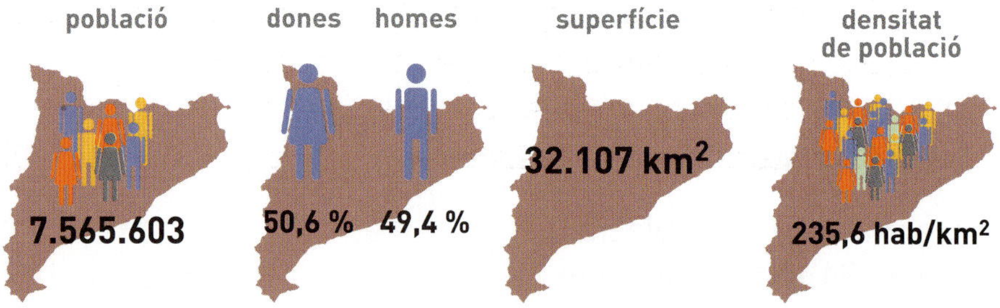

- Una taula amb dades de diferents països de la Unió Europea:

Taula de superfície, habitants i densitat de població d'alguns països de la Unió Europea					
Bandera	Nom del país	Codi	Superfície (en km²)	Població	Habitants per km²
	Espanya	ES	505.370	47.042.984	93
	Alemanya	DE	357.022	81.305.856	228
	Finlàndia	FI	338.145	5.262.930	16
	Regne Unit	UK	243.610	63.047.162	259
	Grècia	EL	131.957	10.767.827	82
	Països Baixos	NL	41.543	16.730.632	403
	Catalunya	CAT	32.107	7.565.603	236
	Bèlgica	BE	30.528	10.438.353	342
	Luxemburg	LU	2.586	509.074	197

Passos a seguir:

1. A partir del gràfic, analitzem les dades de superfície i població de cada país i pensem què volem dir.
2. Comparem i contrastem les dades, ordenant els països segons el nombre d'habitants, la superfície i la densitat de població.
3. Posem els resultats en comú amb la resta de la classe i debatem per arribar a unes conclusions consensuades.

W Taller d'experimentació

17 Després d'analitzar, comparar i contrastar les dades en grup, i un cop consensuades les conclusions, contesteu:

a) Quins països són els més poblats? Són grans o petits en relació amb el territori que comprenen?
b) Quant al territori, com es pot considerar Catalunya: gran o petita? I pel que fa a la població: poc o molt poblada?
c) Quins països són semblants a Catalunya pel que fa al territori i a la població?
d) Alemanya té, aproximadament, el mateix nombre d'habitants per quilòmetre quadrat que Catalunya. Feu-ne una comparació tenint en compte la superfície de cada territori.
e) Compareu les dades d'Espanya amb les de Catalunya. Què observeu?

FEM UN MÓN MILLOR

Respectem el resultat d'una votació democràtica

En **democràcia** no sempre s'aconsegueix el que hom voldria. L'opció que obté més suport a les urnes és la que guanya les eleccions, encara que no sigui la nostra.

Això, però, no és motiu per faltar al **respecte** als que han triat una opció diferent a la nostra. Cal ser respectuosos amb les **opinions** dels altres, com ells ho han de ser amb les nostres. Un cop s'ha pres una decisió democràticament amb la participació de tothom, cal acceptar l'opció guanyadora.

> i Un cop s'ha pres una decisió **democràticament** amb la **participació** de la ciutadania, cal acceptar l'opció guanyadora.

18 Solucioneu de forma democràtica algun tema que us preocupi de la vostra classe. Podeu fer servir la tècnica de la «pluja d'idees» per, per exemple, consensuar un color per pintar les parets i finestres de l'aula.

Q Pàgina 58

Investiguem les tradicions i els símbols de Catalunya

Ens organitzarem en grups de quatre per investigar les tradicions i els símbols de Catalunya. Farem un estudi dels símbols principals i ens aproximarem a la Patum de Berga, als castellers i a les tradicions culinàries de les festes catalanes. Utilitzarem una tècnica de treball cooperatiu.

Exhibició castellera de les festes de Santa Tecla a Tarragona.

Tècnica cooperativa «El trencaclosques»

1. Es formen grups de quatre persones. Cada membre del grup es fa responsable d'una tasca, i es converteix així en un «expert».
2. Individualment, cada membre resol la tasca que se li ha encomanat, a través de la recerca d'informació.
3. Els «experts» en cada tema de cada grup es reuneixen i posen en comú la informació obtinguda per consensuar un text final.
4. Es torna al grup d'origen i cada «expert» ha d'explicar i ensenyar el seu tema a la resta de companys, compartint així el que ha après.

19 Feu un dossier amb presentacions de suport a les explicacions que cada expert ha elaborat i amb les notes preses per la resta de companys del grup sobre els símbols de Catalunya treballats (la Patum de Berga, els castellers i les tradicions culinàries de les festes catalanes).

20 Com ha anat el treball cooperatiu?

- Tothom ha complert amb la seva tasca?
- Heu fet una crítica constructiva a les aportacions dels companys?
- Què canviaríeu per fer-ho millor?

Zona Clic

Català | Matemàtiques | Ciències | Música | Castellà

Fem una mini unitat didàctica (MUD) sobre el Govern de Catalunya

- Una mini unitat didàctica (MUD) és un joc de rol d'ordinador que està penjat a la xarxa i que no cal descarregar. El text explica el que anem veient i hem d'escriure el que se'ns demana. És una forma divertida d'aprendre i de practicar sobre molts temes.

1r

Anem a la pàgina de la MUD que volem treballar:

www.e-cruilla.cat/governitu

2n

Llegim atentament la introducció de la Kata i les seves mascotes.

3r

Llegim les explicacions de cada apartat i les instruccions de cada activitat.

4t

Realitzem totes les activitats seguint l'ordre en què apareixen. Al final de cada activitat, la MUD ens diu si ha estat ben resolta.

- Responeu a les preguntes següents sobre la MUD:
  - Us ha permès entendre millor què és, quines funcions té, com s'escull i quina estructura té el nostre Govern?
  - Què us ha sorprès més del que heu après?

Zona clic

HEM APRÈS

L'organització política de Catalunya

- **Comunitat autònoma de l'Estat espanyol**
  - 32.107 km^2
  - 7.565.603 habitants
  - 235,6 habitants/km^2

- **Estatut de Catalunya**

- **Barcelona, capital de Catalunya**
  - Seu de les institucions del govern
  - Regió de gran activitat econòmica i comercial
  - Centre cultural, de les arts i el lleure

- **Trets identitaris propis**
  - **Llengua**: Català
  - **Cultura**: Tradicions, Festes, Costums, Art
  - **Història**: Des de l'edat mitjana
  - **Símbols**: Senyera, Diada, Himne

- **Institucions de govern**
  - **Generalitat de Catalunya**
    - **Parlament** → **President del Govern** → **Govern**
    - Parlament: Diputats
    - President del Govern: Màxima autoritat de Catalunya
    - Govern: Consellers
  - Parlament → **Síndic de Greuges**

21 Endevineu a quina paraula clau de la unitat correspon cada definició:

a) Edifici on es reuneixen els diputats.
b) Defensor dels drets dels ciutadans.
c) Festa nacional de Catalunya.
d) Persona que forma i dirigeix el Govern.
e) Himne nacional de Catalunya.
f) Membres del Govern de Catalunya.
g) Membre del Parlament català.
h) Llei o norma bàsica de Catalunya.
i) Principal institució catalana de govern.
j) Bandera catalana.

22 Quines funcions desenvolupen les diferents institucions catalanes? Feu-ne una llista.

Q Pàgines 59 i 60

Mapa conceptual
Autoavaluació

HEM APRÈS

23 Preparéu una exposició on s'expliqui què és Catalunya. Organitzeu-vos en grups de cinc o sis i treballeu com a experts un dels àmbits o temes següents:

Dades geogràfiques.
Organització territorial.
Organització política i de govern.
Trets i símbols identitaris.
L'art i la cultura a Catalunya.

- Podeu penjar imatges i pòsters en un plafó, aportar objectes, mapes, fer presentacions amb diapositives...

- Un cop cada grup hagi presentat a la resta de la classe el seu treball, podeu muntar l'exposició en algun espai de l'escola i així els altres cursos i les famílies la podran visitar.

24 Reflexioneu:

- **Abans de començar penseu...** Com us organitzareu entre vosaltres? Qui o què us pot ajudar?
- **Atureu-vos a mitja feina i penseu si...** Teniu dubtes? Com els podeu resoldre? Us cal ajuda? Quina?
- **Valoreu com ho heu fet:** Heu fet un bon repartiment de les tasques? Us heu organitzat bé? Ha estat fàcil organitzar-vos? Com valoreu el resultat final de la tasca?

8 LES FORCES I LES MÀQUINES

Els efectes de les forces. Màquines simples i complexes. Els avenços tècnics.

Viatge virtual

PENSEM i PARLEM

1 Segur que algun cop heu anat a un parc d'atraccions o n'heu vist un. Hi ha moltes atraccions que funcionen amb màquines, com la sínia, els cavallets o les muntanyes russes.

- Les vagonetes de les muntanyes russes no tenen motor. Tot i això, poden anar molt de pressa. Com ho explicaríeu?

2 Des de l'Antiguitat, els éssers humans han ideat instruments per facilitar les feines diàries i estalviar-se esforços. Al principi les persones utilitzaven la força dels seus músculs i la dels animals. Més endavant, es van adonar que podien aprofitar la força de l'aigua i del vent, i van construir molins per poder moldre el gra i serrar la fusta. Tots aquells estris i aparells que ens permeten fer un treball més fàcilment són les màquines.

- Imagineu que voleu carregar una caixa que pesa molt dalt d'un cotxe.

Aixecar directament la caixa segurament ens costaria molt esforç. Sabeu per què?

- Ens ajudaria fer-ho com en els dibuixos de sota? Per què?

- Reconeixeu les màquines dels dibuixos anteriors? Digueu-ne el nom.
- Expliqueu una situació en què hagueu fet servir una de les màquines anteriors.

3 Per canviar el moviment d'un objecte, o per canviar-ne la forma, fem força. Sovint però, la nostra força no és suficient, per exemple quan volem portar un pes molt gran, trencar una nou, desplaçar-nos grans distàncies... Per això, estem envoltats de màquines que ens ajuden aportant una força extra.

- Quines màquines coneixeu?
- Sabeu quina força les fa funcionar?

4 Treballeu les paraules clau de la unitat que apareixen en aquesta il·lustració seguint els passos que hi ha sota:

1. Classifiqueu les paraules en conegudes i desconegudes.
2. Després poseu la classificació en comú amb la resta de companys.
3. Inventeu frases amb les paraules que ja coneixeu.
4. Feu quadrants de vocabulari per a cada paraula que no conegueu.

5 Mireu aquest mapa conceptual i comenteu-lo entre vosaltres.

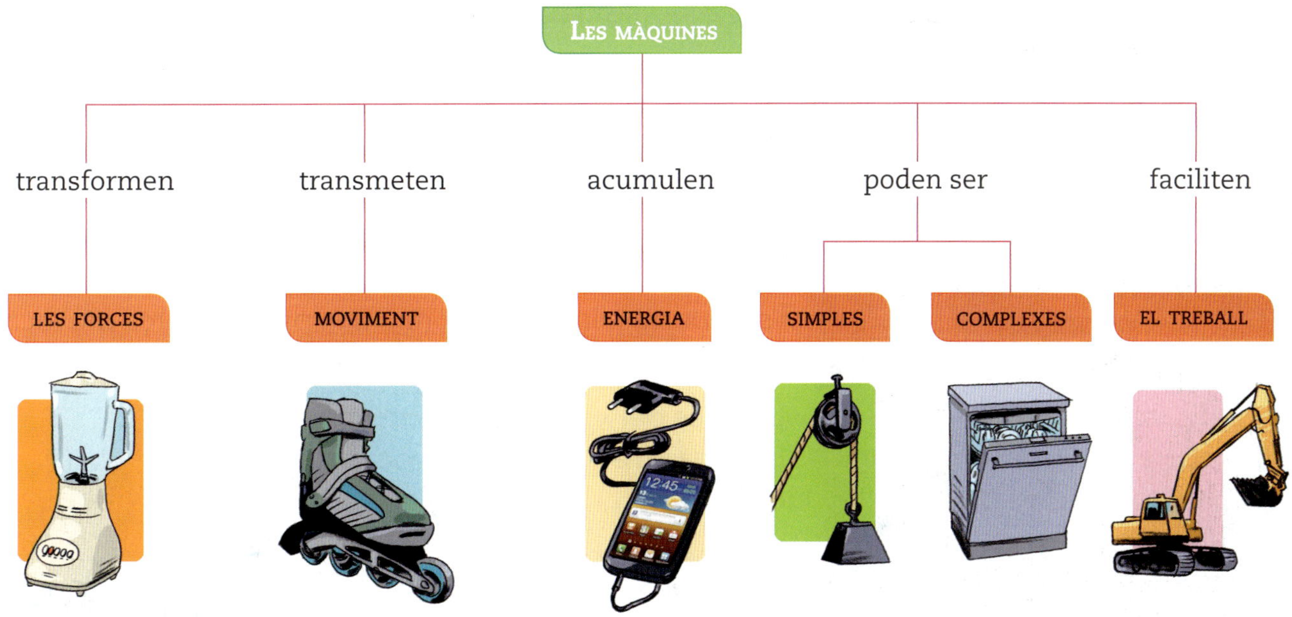

6 Dibuixeu una grua que funcioni girant una manovella.

- Indiqueu per on passa el cable i els mecanismes que ajuden a pujar la càrrega més fàcilment.
- Expliqueu com funciona.

Aprendrem...

- Què fan les forces i per a què serveixen.
- A identificar les màquines i les seves parts.
- Com funcionen les palanques, les politges i els engranatges.
- A reconèixer situacions de perill quan ens desplacem.
- A redactar un informe de laboratori.

Per poder...

- Explicar els efectes que tenen les forces.
- Entendre com funcionen algunes màquines.
- Dissenyar i planificar la construcció d'una màquina.
- Prendre decisions per tenir una mobilitat més segura.
- Comunicar el que hem experimentat.

LES FORCES

Comprovem els efectes de les forces

En aquesta imatge es veu un nen que vol posar en moviment un objecte immòbil, una pilota.

- Què ha de fer per aconseguir-ho?
- Què creieu que passarà si la pilota xoca contra una paret?
- Què penseu que passarà amb la pilota al cap d'una estona si ningú més la toca?

Nen a punt de xutar la pilota.

Quan empenyem o estirem un objecte, fem una força sobre aquest objecte.
Per exemple, si donem una puntada de peu a una pilota, provocarem un canvi en el seu moviment.

I si aquesta pilota xoca contra una paret, la força provocarà un canvi en la forma de la pilota, una deformació.

Després del xoc, la pilota sortirà rebotada. La força en aquest cas provocarà un canvi en la trajectòria de la pilota.

Finalment, la pilota s'aturarà per la força del fregament amb la gespa.

7 Expliqueu els efectes que poden causar les forces en aquestes imatges.

Home empenyent un cotxe.

Dona estirant un cotxe amb una corda.

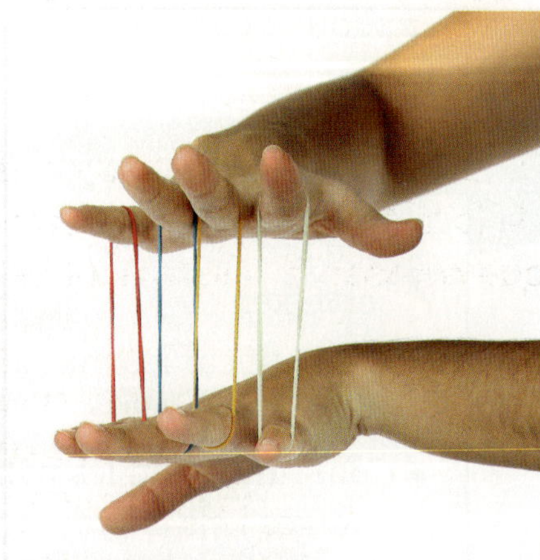

Noia estirant gomes de colors.

- Creieu que és possible que en algun cas la força exercida no provoqui ni un moviment ni una deformació? Expliqueu-ho amb exemples.

Els efectes de les forces

Les forces tenen diferents efectes sobre els objectes. Els poden canviar la direcció, l'estat de moviment o repòs (accelerar-los o frenar-los) o la forma (deformar-los).

En alguns casos, les forces sembla que no tinguin cap efecte. Això passa quan les forces estan en equilibri. Per exemple, quan fem dues forces iguals però en sentits oposats aquestes dues forces es compensen.

Diferents tipus de força

Les forces es poden aplicar directament, com quan empenyem o estirem un objecte. Són forces per contacte aquelles que actuen quan el cos que l'exerceix toca el cos que la rep. Per exemple:

- La pressió, que és la força que actua sobre una superfície, com la que fem amb els dits quan deformem la plastilina.
- La força de fregament que es produeix entre la superfície de dos cossos de manera que l'un llisca sobre l'altre, com entre els patins i el gel.

En altres casos, com quan un objecte és atret per un imant o per la gravetat de la Terra, les forces actuen a distància. Són aquelles que actuen quan el cos que l'exerceix no toca el cos que la rep. Per exemple:

- La força magnètica que fan alguns minerals de ferro sobre objectes metàl·lics.
- La força de la gravetat que atreu els cossos cap a terra.

La fletxa negra representa el pes (força cap avall) i la fletxa vermella representa la força cap amunt que fan els braços. Com que les dues forces es compensen, els llibres no cauen ni pugen.

L'argila es deforma amb la força de la mà.

El pes

La força de la gravetat atreu els objectes cap a terra. Aquesta força és el pes de l'objecte i la fa la Terra. Quan aguantem un objecte i evitem que caigui, fem una força cap amunt que compensa l'estirament de la Terra i l'objecte no es mou.

Les forces que actuen sobre un cos o un objecte poden canviar-ne el moviment o deformar-lo. Les forces poden ser per contacte o a distància. El pes és la força amb què la gravetat de la Terra atreu els objectes.

8 Busqueu exemples de forces:

a) que causin moviment
b) que aturin el moviment
c) que canviïn la forma
d) que estiguin en equilibri
e) que actuïn per contacte
f) que actuïn a distància

Pàgina 61

Per saber-ne més

LES MÀQUINES

Descobrim com ens ajuden les màquines

Observeu aquestes imatges. Són màquines que segurament heu vist al vostre entorn algun cop.

- Sabeu com es diuen?
- Què penseu que ajuden a fer?
- Creieu que podríem fer aquestes feines sense les màquines?

9 Contesteu aquestes qüestions:

- De les imatges anteriors, quines són màquines simples? I quines són màquines complexes?
- Què tenen en comú totes aquestes màquines?
- Quines màquines coneixeu que funcionin amb la força muscular però que ens permetin fer treballs amb menys esforç?

Què són les màquines

Les **màquines** són estris i aparells que ens permeten realitzar diferents tasques amb menys esforç, o fins i tot fer treballs que sense elles no podríem realitzar. Totes les màquines, per poder funcionar, necessiten **energia**. Aquesta energia la poden obtenir de diferents maneres: amb la força de les persones, com en els rems de les barques; d'un animal, com en els carros; de l'electricitat, com en els electrodomèstics i els ordinadors, o de diferents combustibles, com en els cotxes.

Les màquines fan diferents treballs:

- **Acumulen energia**, com per exemple una molla o una goma.
- **Transmeten el moviment**, com la roda i l'eix o la cadena d'una bicicleta.
- **Transformen la força** que es fa sobre elles, com la palanca.

Hi ha màquines simples i màquines complexes.

Els ordinadors són màquines complexes que funcionen amb electricitat.

Les màquines simples

Les màquines simples són les que estan formades per **pocs elements** i funcionen aplicant-hi només una força, com per exemple la palanca, el pla inclinat, la corriola o la politja. Algunes màquines simples converteixen una força petita en gran, mentre que d'altres canvien la direcció de la força. Les màquines simples són la base de les màquines complexes.

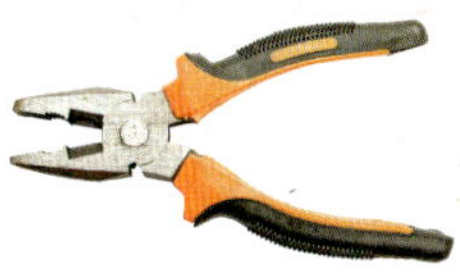

Les alicates ens permeten prémer molt fort amb un esforç petit.

Les màquines complexes

Les màquines complexes estan formades per **molts elements**, per mecanismes, alguns dels quals són màquines simples, que funcionen conjuntament per realitzar una feina determinada. Per exemple, una bicicleta, una rentadora, un cotxe o una excavadora són màquines complexes formades per la combinació de dues o més màquines simples.

Les excavadores funcionen gràcies a la combinació de moltes màquines simples.

> Les **màquines** ens permeten fer un treball amb menys esforç. Poden ser **simples**, formades per pocs elements, o **complexes**, formades per molts elements. Totes les màquines necessiten **energia** per funcionar.

10 Poseu exemples de màquines que:

a) transformin la força b) transmetin el moviment c) acumulin energia

Q Pàgina 62

MÀQUINES SIMPLES

Descobrim com funcionen les màquines simples

Observeu les imatges següents. Quines màquines hi reconeixeu? En quin punt hem d'aplicar la força en cadascuna d'elles? Quin efecte tenen aquestes màquines? Per a què es fan servir?

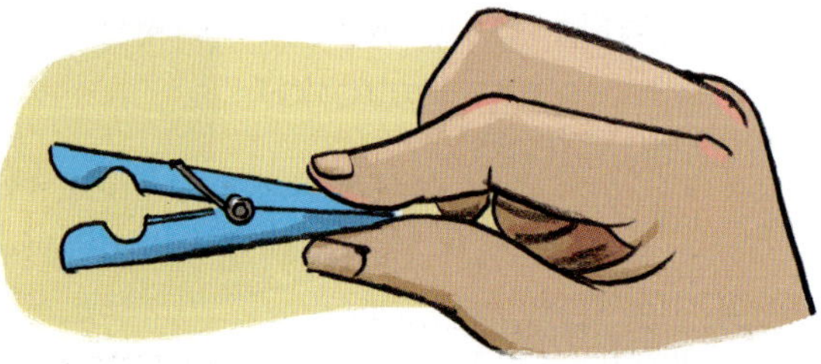

Per obrir l'agulla d'estendre hem de fer pressió en un extrem. La força passa a l'altre extrem de l'agulla.

A les pinces s'ha de fer força al mig de l'objecte. La força passa a l'extrem obert de les pinces.

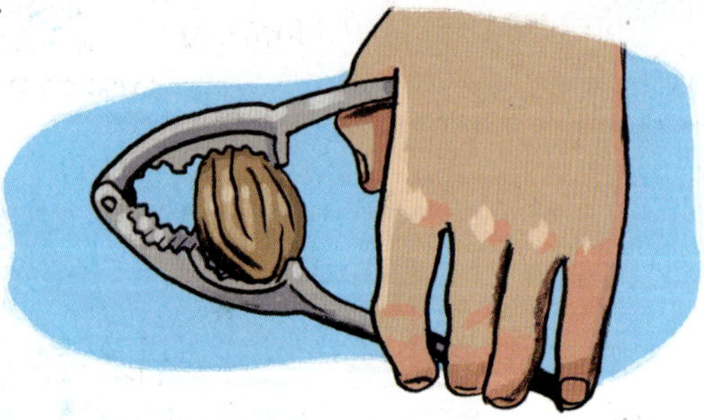

Si volem trencar una nou, l'hem de col·locar al mig del trencanous i fer força en l'extrem obert.

En la politja, la força s'exerceix en un extrem i es transmet a l'altre. La força que s'ha de fer és la mateixa, però es fa de forma molt més còmoda.

11 En els parcs infantils es poden veure molts jocs.

- Creieu que alguns d'ells són màquines?
- Feu una llista d'aquestes màquines i expliqueu per què ho són.

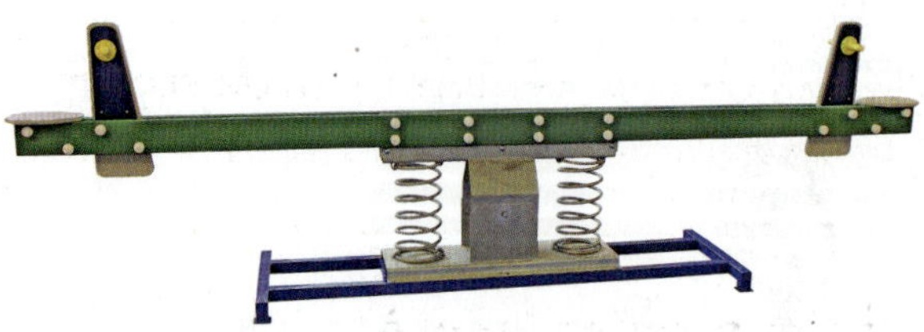

La palanca i la politja

Les màquines simples ens permeten realitzar un treball amb menys esforç, com ara aixecar objectes pesants amb més facilitat. La palanca i la politja són màquines simples.

La palanca

La palanca és una màquina simple que està formada per una barra rígida que es recolza sobre un punt de suport o fulcre. La força que fem per moure el cos s'anomena potència i la força del pes del cos, resistència. Com més llarg és el braç on apliquem la potència i més curt el braç on hi ha la resistència, menys força hem de fer.

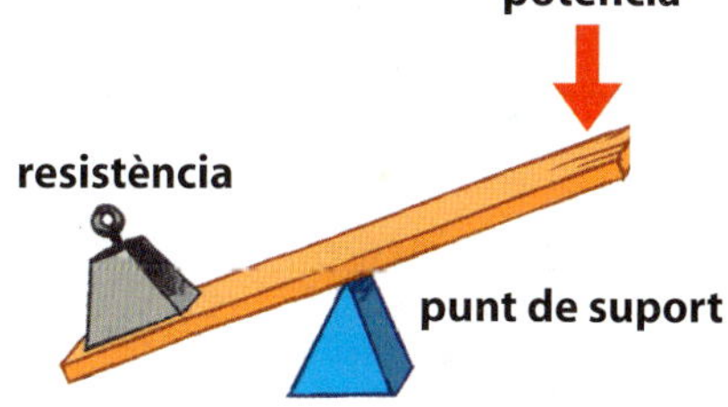

Palanca de 1r gènere

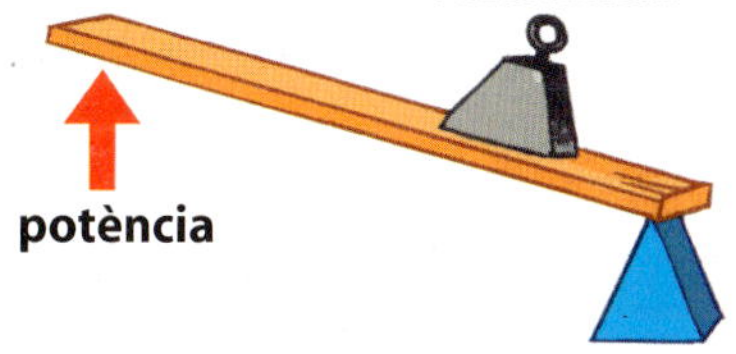

Palanca de 2n gènere

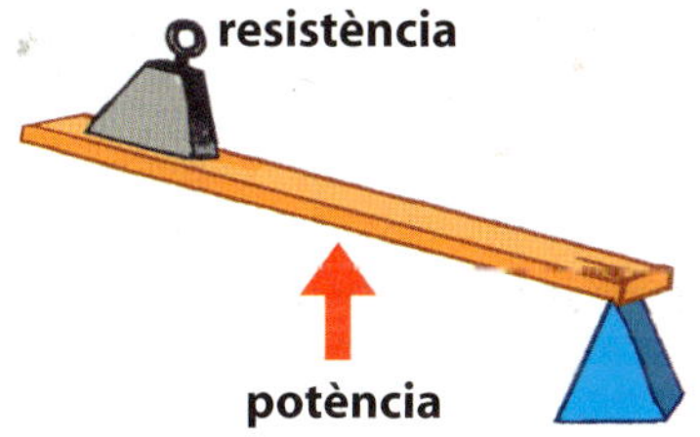

Palanca de 3r gènere

Diferents tipus de palanca

Segons la posició del punt de suport, la potència i la resistència, hi ha tres tipus de palanques.

- 1r gènere: el punt de suport és al mig, entre la potència i la resistència, com en la balança de braços i en les tisores.
- 2n gènere: la resistència és al mig, entre el punt de suport i la potència, com en un carretó o en un trencanous.
- 3r gènere: la potència és al mig, entre el punt de suport i la resistència, com en la canya de pescar o en les pinces.

La politja

La politja consisteix en una roda que gira sobre un eix i que té un solc per on passa una corda. Serveix per pujar i baixar objectes. La politja no redueix la força que hem de fer, però permet fer-la d'una manera més còmoda. Ens és més fàcil estirar la corda cap avall que pujar el pes cap amunt. Si es combina més d'una politja sí que es redueix la força necessària per fer un mateix treball.

Funcionament d'una politja.

La palanca està formada per una barra rígida que es pot moure sobre un punt de suport. La politja és una roda amb un solc pel qual passa una corda. Són dues màquines simples.

12 Expliqueu de quin gènere són les palanques de la pàgina anterior. Per què?

Q Pàgina 63

W Per saber-ne més

MÀQUINES COMPLEXES

Descobrim com són les màquines complexes

Les màquines complexes poder fer tasques més difícils que les màquines simples soles. Estan formades per una combinació de diversos elements, que poden ser peces o màquines simples, com ara barres, cilindres, eixos i rodes, palanques, politges...
Quan s'aplica una força a un dels seus elements, aquest transforma l'energia de la força rebuda en moviment, i el transmet a la part de la màquina encarregada de realitzar el treball.
La força que s'aplica a les màquines complexes, en alguns casos és muscular, en d'altres prové del vent o de l'aigua, i en la majoria de casos la proporciona un motor. Bona part dels aparells que utilitzem són màquines complexes.

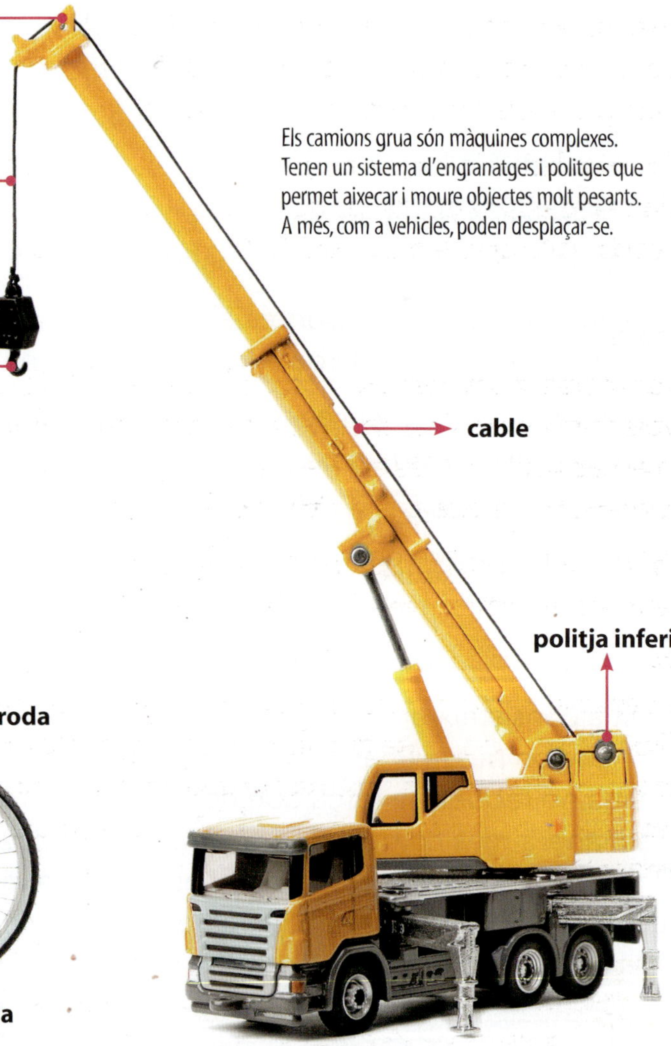

Els camions grua són màquines complexes. Tenen un sistema d'engranatges i politges que permet aixecar i moure objectes molt pesants. A més, com a vehicles, poden desplaçar-se.

Per fer funcionar una bicicleta cal exercir la força sobre els pedals. Aquesta força es transmet mitjançant una cadena, que fa que finalment la roda giri i faci avançar la bicicleta.

13 Expliqueu quina força mou cadascuna de les màquines complexes de les imatges anteriors.

- En el cas de la bicicleta, creieu que els pedals són màquines? Per què? I la maneta dels frens?

Engranatges i motors

Engranatge amb dues rodes de la mateixa mida.

La majoria de màquines complexes disposen d'engranatges i motors que transformen l'energia en moviment.

Engranatges

Si fem girar una roda dentada, de manera que les seves dents encaixin amb la roda del costat, la segona roda també girarà, però en sentit contrari. El conjunt de dues o més rodes dentades que transmeten el moviment s'anomena engranatge.

Quan la roda groga fa una volta, la roda blava només n'ha fet mitja.

Si dues rodes tenen el mateix nombre de dents, giren a la mateixa velocitat. Però si una de les dues rodes té més dents que l'altra, la roda gran gira més lentament que la petita.

En les bicicletes, la força dels pedals fa girar una roda dentada gran, el plat. Aquest arrossega la cadena, que fa girar una roda dentada més petita, el pinyó. Per cada volta que fan els pedals, la roda de darrere en fa unes quantes.

Motors

Les primeres màquines complexes feien servir la força muscular. Posteriorment, quan es va voler tenir màquines més potents, es va substituir aquesta força per la del vent o la de l'aigua, com en els molins. Més tard, es van inventar els motors, que transformen l'energia en moviment. Hi ha dos grans tipus de motors:

- Els motors elèctrics, que utilitzen l'energia elèctrica per fer girar un eix. Els trens, els electrodomèstics i algunes joguines funcionen amb motors elèctrics.
- Els motors de combustió, que fan servir l'energia d'un combustible com la benzina, el gas natural o el carbó. Quan es cremen aquestes substàncies alliberen energia, cosa que fa funcionar el motor. Primer van aparèixer els motors de vapor, després els motors d'explosió, que funcionen amb gasolina o gasoil, i més tard, els motors de reacció. Els cotxes, els avions i els vaixells funcionen amb motors de combustió.

El motor d'explosió aprofita l'energia alliberada per l'explosió del combustible.

Les màquines complexes solen tenir un motor i diversos engranatges, dues o més rodes dentades que transmeten el moviment que genera el motor als altres components. Els motors poden ser elèctrics o de combustió.

14 En un engranatge de dues rodes, totes dues rodes giren en el mateix sentit? I com han de ser perquè girin a la mateixa velocitat?

Q Pàgina 64

W Per saber-ne més

ELS AVENÇOS TÈCNICS EN EL TRANSPORT

Coneguem el canvis en els mitjans de transport

Per desplaçar objectes pesats, els humans van començar a fer servir troncs d'arbre, que feien de corrons.

Més endavant van descobrir la roda, que va revolucionar el transport i que ha passat a formar part de moltes màquines actuals, sobretot vehicles: carros, cotxes, trens, motos, camions...

Els **vehicles** són màquines complexes.

En el món antic, transportar càrregues molt pesades per terra era molt complicat, per això aquest transport es feia sobretot amb vaixells.

Els egipcis col·locaven les grans pedres de construcció sobre troncs rodons per poder transportar-los amb menys esforç.

La roda va ser el gran invent humà que va permetre moure grans pesos i també desplaçar-se d'un lloc a un altre sense haver de caminar.

El ferrocarril va ser el primer gran mitjà de transport per terra de la història.

Avui dia el transport de mercaderies per terra es fa normalment amb grans camions. Permeten arribar a qualsevol lloc.

La roda només és útil per al transport terrestre. Per això, en el transport marítim es va preferir el vaixell.

15 Quines màquines per transportar persones coneixeu? En totes aquestes màquines hi ha rodes? D'on prové la força que les impulsa?

Els avenços tècnics en el transport

Els avenços tècnics han perfeccionat els desplaçaments marítims, aeris i terrestres.

Transport marítim

Les primeres barques es movien amb **rems**, però aviat es va inventar la **vela**, que aprofitava la força del vent. Una gran millora va ser incorporar el **motor de vapor**, que consumia carbó. Es podia navegar més ràpid i sense dependre del vent. Més endavant, els motors de carbó es van substituir per **motors d'explosió**.

Els vaixells de vapor van suposar un gran avenç en el transport marítim.

Transport aeri

El transport aeri va començar al principi del segle XX amb els **dirigibles**, que eren més lleugers que l'aire i que tenien un petit motor per dirigir el vol. Podien portar poca càrrega, eren lents i poc segurs. Els **avions**, en canvi, pesen més que l'aire però poden portar grans càrregues, molt lluny i de pressa.

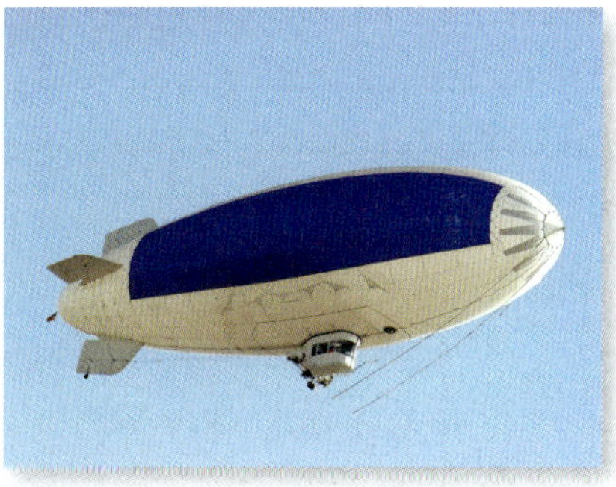

Els dirigibles travessaven els cels a principis del segle XX.

Transport terrestre

Abans, el transport per terra es feia amb **carros** i **diligències**, fins que al segle XIX es va començar a desenvolupar el **ferrocarril**. Les locomotores consumien molt carbó. Després es van incorporar els motors d'explosió i elèctrics, que eren més eficients. Al segle XX el transport per carretera es va desenvolupar molt, quan es van construir **cotxes** i **camions** en grans quantitats i es va ampliar la xarxa de carreteres.

El tren maglev funciona per levitació magnètica. El de Japó pot superar els 500 km/h.

> i El descobriment de la **roda** va iniciar grans canvis en el transport. Els **motors** de vapor, els elèctrics i els d'explosió han permès transportar grans càrregues a llargues distàncies.

16 Quins avantatges i inconvenients ha tingut la introducció del motor?

Q Pàgina 65

Comprovem el funcionament de la palanca de primer gènere

Per comprovar el funcionament de la palanca de primer gènere, tractarem de descobrir si la longitud de la barra o braç afecta a la força que hem de fer (potència) per aixecar una càrrega (resistència). Farem un petit muntatge variant la distància entre el punt de suport i el punt on apliquem la força, en el qual la potència i la resistència siguin sempre les mateixes.

Necessitem:

- Un regle d'un metre de llarg.
- Un bloc de fusta triangular, per fer de punt de suport o fulcre.
- Objectes de pes conegut (paquets d'aliments, masses conegudes de laboratori...)

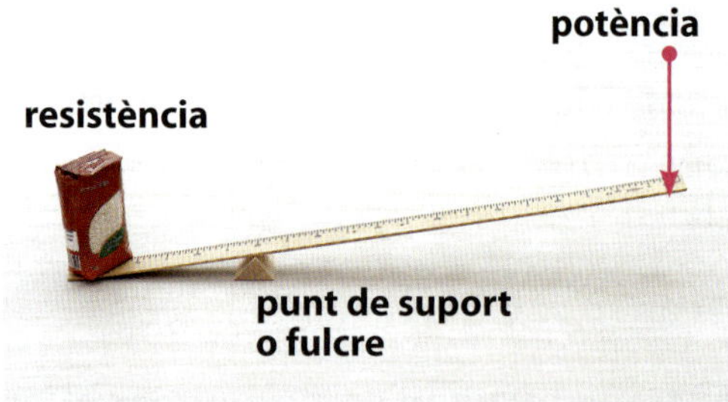

Passos a seguir:

1. Fem una predicció del que pensem que pot passar cada cop que variem la distància entre el fulcre i la potència.
2. Fem el primer assaig: posem el regle sobre el triangle de fusta (fulcre) deixant 30 cm per un costat i 70 cm per l'altre; col·loquem un objecte d'1 kg de pes (resistència) sobre el costat del regle de 30 cm; en l'altre costat posem un pes de 250 g (potència).
3. Anotem el resultat obtingut en aquest primer assaig.
4. Fem cinc assajos més, variant cada vegada la distància entre el punt de suport i el punt on apliquem la força que fem (potència). Anotem els resultats obtinguts a cada assaig.
5. Resumim totes les dades recollides en una taula, indicant la distància entre el fulcre i la potència, la distància entre el fulcre i la resistència i el resultat obtingut.
6. Comparem el que ha passat en cada cas. Com podem explicar les diferències? Eren encertades les prediccions?

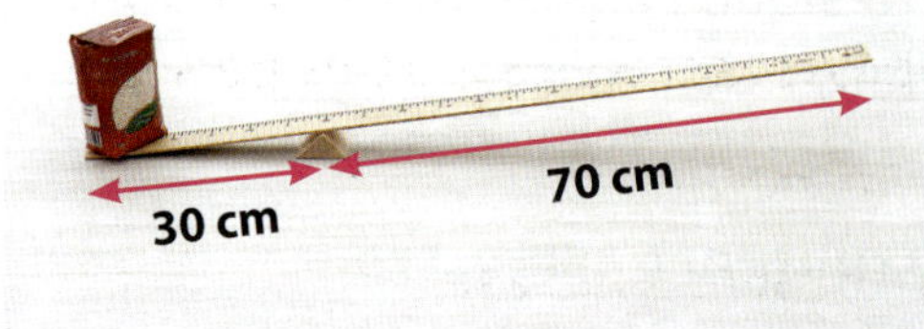

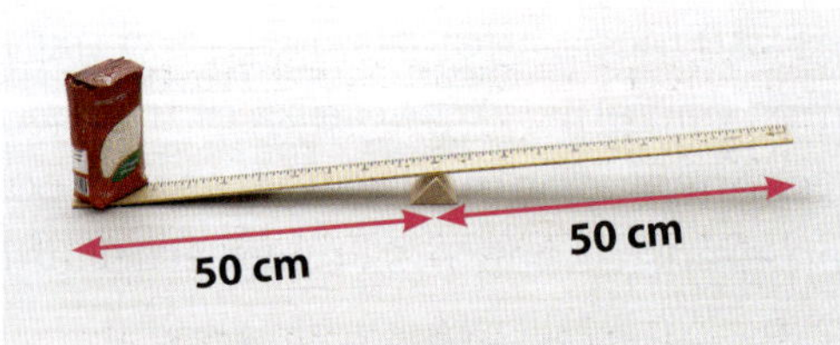

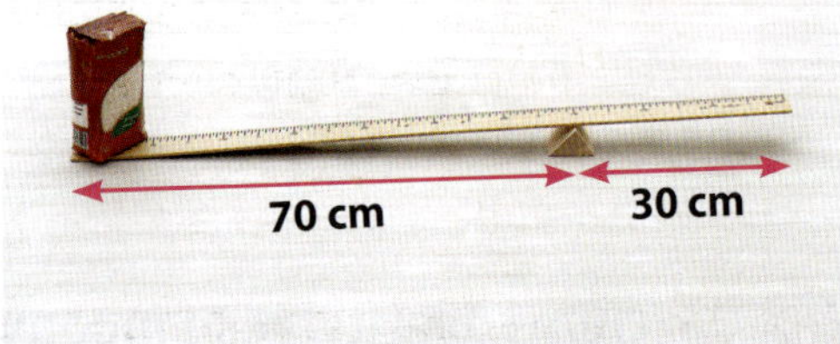

Taller d'experimentació

17 Com afecta la longitud de la palanca a la potència necessària per aixecar una resistència?

- Redacteu un informe sobre l'experiment que respongui aquesta pregunta. Heu d'incloure-hi quina era la vostra hipòtesi, què heu fet per comprovar-la, quines mesures heu pres, quins han estat els resultats i quina és la vostra conclusió.
- A partir de les fotografies, feu un dibuix de l'experiment i poseu-hi els noms de cada part (braç de potència, braç de resistència i punt de suport).

FEM UN MÓN MILLOR

Desplacem-nos amb seguretat

Quan circulem amb bicicleta, cal que anem amb molt de compte, perquè a més de prendre mal nosaltres podem provocar lesions a altres persones que passin pel carrer.

Per això cal:

- Posar-se el casc.
- Circular preferentment pels llocs reservats per a les bicicletes o per les voreres amples, amb molt de compte de no fer mal a ningú.
- Conduir la bicicleta amb respecte i d'acord amb les ordenances.
- Conèixer i respectar els senyals i el codi de circulació.
- Portar elements reflectors als braços i a les cames.

Quan anem amb bicicleta cal complir les normes i ser prudents.

Quan ens desplacem, hem de seguir les normes i actuar amb prudència per reduir les situacions de perill i tenir una mobilitat més segura.

18 Expliqueu com heu d'anar pel carrer, tant si aneu a peu com si circuleu amb bicicleta.

Q Pàgina 66

Construïm una màquina

Les màquines són estris i aparells que ens faciliten la vida perquè ens permeten alleujar i simplificar una feina. Ens organitzarem en grups per inventar una màquina que ens ajudi a fer més fàcilment una tasca concreta de classe. En farem el disseny i la construirem utilitzant una tècnica de treball cooperatiu.

Tècnica cooperativa «Pla de Treball Personalitzat (PTP)»

1. Es formen grups i es concreta per a cada membre del grup el seu Pla de Treball Personalitzat, en el qual consten els objectius a assolir i les activitats a realitzar.
2. Cada alumne es responsabilitza de dur a terme el seu Pla de Treball i es compromet a ajudar els seus companys a dur a terme els respectius plans.
3. Al mateix temps, cada equip elabora un Pla d'Equip, amb els objectius que es proposen com a equip i amb els compromisos que pren cadascú per millorar el funcionament del grup.
4. Si a més d'aconseguir els objectius d'aprenentatge personals, aconsegueixen millorar com a equip, cada alumne obté una «recompensa» en la seva qualificació final.

19 Inventeu una màquina que us ajudi a fer una tasca concreta de classe.

- Abans de construir-la, feu-ne el projecte i indiqueu-hi per a què serveix, quins materials necessitareu, quins elements tindrà i com els ajuntareu.
- Feu un dibuix del disseny de la màquina.
- Un cop construïda, redacteu les instruccions per utilitzar-la amb seguretat i presenteu-la als companys.

20 Com ha anat el treball cooperatiu?

- Tothom ha proposat màquines que es podien construir?
- Us heu posat d'acord fàcilment sobre el que volíeu fer?
- Heu estat endreçats i nets amb la feina?
- Esteu satisfets del resultat? Què és el que heu fet millor? I pitjor?

Català | Matemàtiques | Ciències | Música | Castellà

Fem una filmació amb càmera de vídeo

Fer o enregistrar un vídeo és fixar en una pel·lícula, habitualment en format digital, allò que es vulgui de la realitat o d'una narració de ficció.

Per aconseguir un bon vídeo, les tasques de planificació són molt importants per a què s'entengui bé el que es vol explicar:

1r

Fem una selecció dels aspectes més rellevants del que volem filmar.

2n

Redactem el guió de la narració sonora que acompanyarà les imatges del vídeo com a explicació.

3r

Localitzem els llocs que volem filmar.

4t

Enregistrem els llocs triats amb una càmera digital.

5è

Afegim la veu al vídeo amb la narració que hem elaborat.

Organitzeu-vos en grups per fer una filmació en vídeo que expliqui com funciona una màquina, per exemple alguna de les màquines construïdes a l'aula. Repartiu-vos les tasques que es descriuen a continuació per elaborar-lo:

- Documentalista: responsable de buscar tota la informació necessària.
- Especialista en localitzacions: responsable de cercar els llocs on filmar.
- Guionista: responsable d'elaborar el guió del vídeo (imatges i textos).
- Càmera: responsable de l'enregistrament del vídeo.
- Editor: responsable de l'edició final del vídeo.

W Zona clic

HEM APRÈS

LES MÀQUINES

- transformen **LES FORCES**
  - que tenen **EFECTES**
    - com **CANVIAR L'ESTAT DE REPÒS I MOVIMENT DELS OBJECTES**
    - **DEFORMAR ELS OBJECTES**
  - poden ser
    - **PER CONTACTE** com **EMPENTES, ESTIRAMENTS**
    - **A DISTÀNCIA** com **LA FORÇA DE LA GRAVETAT**
- transmeten **MOVIMENT**
- acumulen **ENERGIA**
- poden ser
  - **SIMPLES** com per exemple **LA PALANCA**, **LA POLITJA**
  - **SIMPLES** combinades formen màquines **COMPLEXES**
  - **COMPLEXES**
    - poden tenir **EIXOS, ENGRANATGES, MOTORS**
    - com per exemple **COTXE, MÀQUINA DE RENTAR**
- faciliten **EL TREBALL**

21 Prepareu un bingo i jugueu-hi:

- Feu una quadrícula de 2 files i 4 columnes.
- Poseu a cada quadre una paraula relacionada amb la unitat i assegurant-vos que en sabeu la definició.
- Marqueu les paraules de la vostra quadrícula que coincideixin amb les definicions que s'aniran llegint en veu alta.
- Heu de completar, primer una línia, i després tota la quadrícula.

22 Penseu cinc frases correctes que tinguin com a mínim les expressions següents:

a) forces, efectes, per exemple
b) diferència, màquina simple, màquina complexa
c) màquines, forces, moviment, energia
d) palanca, politja, objectes pesants
e) roda, motor, transports

Q Pàgines 67 i 68

Mapa conceptual
Autoavaluació

HEM APRÈS

23 Un pont llevadís és un pont que es pot elevar. Als castells de l'edat mitjana aquests ponts servien per permetre o impedir creuar el fossat.

- Feu un dibuix esquemàtic d'un pont llevadís obert.
- Quantes màquines reconeixeu en aquest pont? Quines? Indiqueu-les al dibuix.
- En quin punt creieu que s'han d'enganxar les cadenes al pont perquè sigui més fàcil d'aixecar?
- Se us acudeixen altres solucions per fer que els ponts de l'edat mitjana es poguessin aixecar amb poc esforç?
- Escriviu una explicació sobre com funciona el vostre pont. Heu d'incloure-hi les respostes a les preguntes anteriors. Feu el dibuixos necessaris perquè s'entengui bé.
- Avui dia també es construeixen ponts llevadissos, però amb altres funcions. En coneixeu algun? Quin? Per a què serveixen?

Pont llevadís d'un castell medieval a Palència (Espanya).

Pont llevadís modern a Sant Petersburg (Rússia).

24 Reflexioneu:

- **Abans de començar penseu...** Què en sabeu? Què fareu per continuar la feina si us costa de fer o si no la trobeu interessant o divertida?
- **Atureu-vos a mitja feina i penseu si...** Heu trobat la informació que necessiteu? Us cal fer alguna consulta? A qui li fareu?
- **Valoreu com ho heu fet:** Quins dels coneixements que heu après amb la unitat us han servit? Completeu la frase: «Les tasques ens haurien sortit millor si...»

9 LA NOSTRA HISTÒRiA

De la prehistòria a l'edat mitjana

W
Viatge virtual

PENSEM i PARLEM

1 A la fotografia de la pàgina anterior podeu observar uns nens visitant un museu. Responeu:

- Quin material s'exposa a les vitrines? De quina època històrica penseu que és?
- Què creieu que anota la nena a la llibreta?
- Heu estat mai en un museu? Amb qui soleu anar, amb la vostra família, amb l'escola, amb l'esplai?

2 Als museus podem veure objectes de gran valor històric o artístic.

Museu de la Ciència i la Tècnica (Terrassa).

Museu Picasso (Barcelona).

Museu d'Arqueologia (Tarragona).

- Si a l'entrada trobeu els rètols que hi ha a continuació, que penseu què podeu veure en aquests museus?

- Esbrineu quins museus hi ha a la vostra comarca i a quin tema estan dedicats.
- Quines altres maneres tenim d'obtenir informació sobre el passat?

3 Per què els humans van deixar de ser nòmades? Per què van començar a construir poblats petits? Per què van sorgir les ciutats? Per què tota la Mediterrània va passar a formar part d'un gran imperi?

Per respondre a totes aquestes preguntes i a moltes altres, ens hem de fixar en els canvis que la forma de vida de les persones ha experimentat amb el pas del temps.

- Quines poden ser les causes que han fet evolucionar la forma de vida de les persones? Justifiqueu-ne la resposta.

4 Treballeu les paraules clau de la unitat que apareixen en aquesta il·lustració seguint els passos que s'indiquen a continuació:

1. Classifiqueu les paraules en conegudes i desconegudes.
2. Després poseu la classificació en comú amb la resta de companys.
3. Inventeu frases amb les paraules que ja coneixeu.
4. Feu quadrants de vocabulari per a cada paraula que no conegueu.

5 Observeu el mapa conceptual i parleu-ne entre vosaltres.

La nostra història (I)

comprèn

- **PREHISTÒRIA** → **APARICIÓ DE L'ESCRIPTURA** → **HISTÒRIA**

PREHISTÒRIA es divideix en:

- **PALEOLÍTIC**

- **NEOLÍTIC**

HISTÒRIA:

- **EDAT ANTIGA**
  - primeres civilitzacions
    - **Grecs i fenicis**

    - **Romans**

- **EDAT MITJANA**

6 Completeu el mapa conceptual afegint a cada columna tot allò que sabeu de cada un dels períodes de la història des de diferents aspectes: alimentació, treball, organització social, habitatge, creences, descobriments...

- Compareu el resultat amb el dels vostres companys. Després, amplieu o modifiqueu aquells aspectes que considereu que us manquen o que no són del tot correctes.

Aprendrem...

- Quina diferència hi ha entre el paleolític, el neolític, l'edat antiga i l'edat mitjana.
- A situar en el temps el paleolític, el neolític, l'edat antiga i l'edat mitjana.
- La importància que té el patrimoni cultural i històric de Catalunya.
- A organitzar les idees de manera comparativa.
- A argumentar una opinió.

Per poder...

- Comprendre com va anar canviant la forma de vida al llarg del temps.
- Elaborar i interpretar una línia del temps de la prehistòria a l'edat mitjana.
- Valorar el patrimoni cultural i històric com una riquesa col·lectiva.
- Comparar les característiques de dues etapes històriques.
- Defensar una proposta.

EL PALEOLÍTIC

Coneixem la vida al paleolític

La història de la humanitat comença al paleolític, la primera etapa de la prehistòria.

7 A partir de la il·lustració anterior, completeu el quadre següent amb les característiques principals de les persones del paleolític:

On vivien?	Com obtenien aliments?	Quines eines i utensilis feien servir?	Com s'expressaven?

Els orígens de la humanitat

El paleolític és l'etapa més antiga i més llarga de la prehistòria.

Eines del paleolític.

Què en sabem?

Durant el paleolític van anar apareixent les diferents espècies humanes, amb un cervell cada vegada més desenvolupat, que es van anar estenent pels continents.

Els primers humans havien de caminar molt per trobar aliment, que obtenien mitjançant la caça, la pesca i la recol·lecció de plantes silvestres.

Eren nòmades. Tenien una vida molt difícil: feia molt fred i per això buscaven protecció en coves o campaments de cabanes fetes amb branques cobertes de pells d'animals.

El descobriment del foc els va permetre obtenir llum i escalfor, una alimentació més variada, protecció contra les feres i una millor comunicació entre ells.

Amb pedra, fusta, os i banya d'animal, fabricaven eines com destrals, fletxes, punxes de llança, agulles per cosir, arpons...

Enterraven els morts amb els seus objectes personals, perquè creien en una vida després de la mort. També practicaven rituals màgics per tenir sort en les caceres.

La dansa, de les pintures rupestres de les coves del Cogul, on es pot veure un grup de dones ballant i algunes escenes de cacera.

Com ho hem sabut?

S'han trobat i estudiat diferents restes materials, com eines, tombes i pintures rupestres, en jaciments com l'abric Romaní de Capellades (Anoia), les coves de Serinyà (Pla de l'Estany), les coves del Toll a Moià (Bages) o la roca dels Moros al Cogul (Garrigues).

> Durant el paleolític, els grups humans eren nòmades i es dedicaven a la caça, la pesca i la recol·lecció.

8 Feu un mapa conceptual per explicar de quina manera el foc va millorar la forma de vida dels grups humans del paleolític.

Q Pàgina 69

W Per saber-ne més

EL NEOLÍTIC

Comparem i contrastem dues èpoques

L'aparició de l'agricultura i la ramaderia marca l'inici del neolític, la segona etapa de la prehistòria.

9 Compareu i contrasteu els canvis en la forma de vida que es van produir del paleolític al neolític a partir d'aquesta la il·lustració i la de la pàgina 176. Feu servir aquest diagrama de Venn:

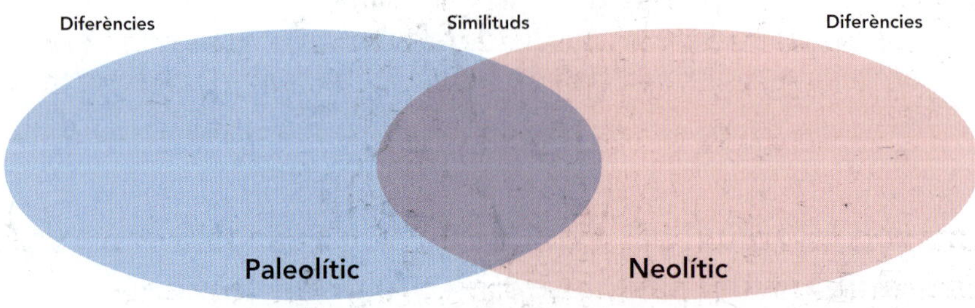

L'aparició de l'agricultura i la ramaderia

Amb el pas del temps, els humans van descobrir que podien guardar les llavors de les plantes, sembrar-les i obtenir-ne una collita. També van aprendre a domesticar alguns animals.

Eines del neolític.

Què en sabem?

Durant el neolític, els grups humans es van convertir en sedentaris. Es van establir en poblats prop dels conreus i de les pastures i dels llocs on hi havia aigua, on construïen cases amb maons d'argila i sostres de palla.

La fabricació d'eines es va especialitzar per fer les tasques agrícoles: aixades, falçs, molins de mà, forns... També elaboraven cistells de fibres vegetals i recipients de ceràmica endurida al foc en forns per conservar o cuinar els aliments.

La població va anar augmentant i acumulant riquesa, i alguns poblats es van fortificar amb tanques de fusta.

Van començar a venerar els elements de la natura (el sol, la pluja, la terra) perquè creien que feien créixer les collites. També construïen monuments funeraris col·lectius: els dòlmens.

Cap al final del neolític van començar a fabricar eines de metall, primer de coure i després de bronze. Així va començar la metal·lúrgia.

Dolmen de la Pedra Gentil a Vallgorguina (Vallès Oriental).

Com ho hem sabut?

A partir de l'estudi de les restes materials de jaciments com el poblat de la Draga a Banyoles (Pla de l'Estany) o les mines de Can Tintorer a Gavà (Baix Llobregat). També s'han trobat restes de ceràmica i dòlmens arreu del territori.

> El neolític es va caracteritzar pel sedentarisme i els descobriments de l'agricultura i la ramaderia, que van implicar canvis importants en la forma de vida.

10 Argumenteu quina relació hi pot haver entre l'agricultura, el creixement de la població, l'acumulació de riquesa i la construcció de dòlmens.

Q Pàgina 70

W Per saber-ne més

L'EDAT ANTIGA I

Coneixem Empúries

L'aparició de l'escriptura marca l'inici de l'**edat antiga**, el primer període de la **història**. Durant aquest període, diferents **civilitzacions** es van establir al llarg de la costa mediterrània.

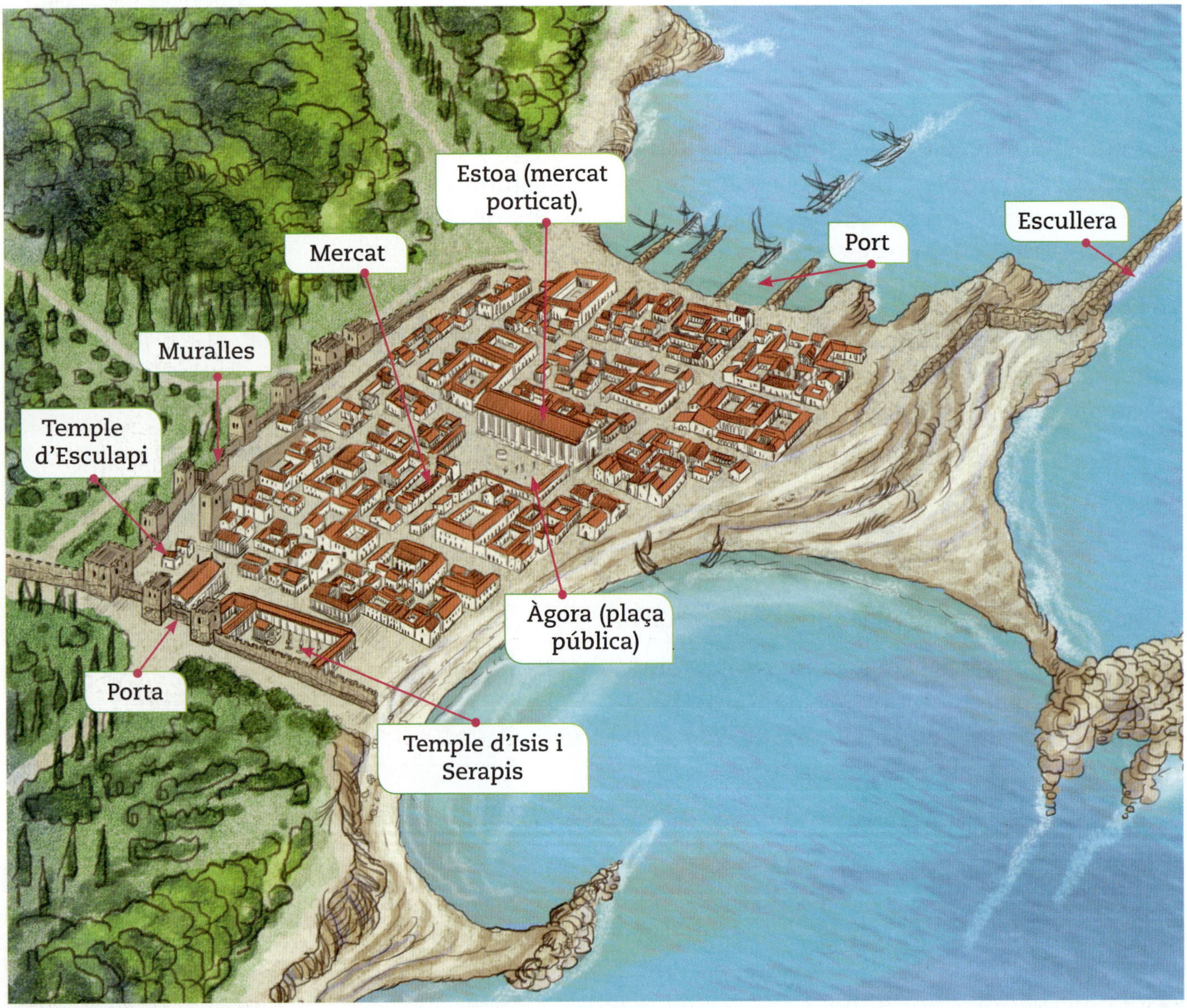

11 A partir de la il·lustració de la ciutat d'Empúries, contesteu les preguntes següents:

a) Per què els grecs van triar Empúries per fundar una ciutat?
b) Quina forma tenia la ciutat? Com s'ordenaven els carrers?
c) Quins espais la componien? Eren per a tota la població (públics)? O sols per a un grup de persones (privats)?
d) Quina funció tenia el port? Era un espai important?
e) Què hi havia al centre de la ciutat? Quina funció tenia?
f) Sabeu com anomenaven els grecs a les ciutats? Investigueu-ho.

L'arribada dels pobles colonitzadors

Durant l'edat antiga, la península Ibèrica estava habitada per diversos pobles. A la costa mediterrània hi vivien els ibers, que van entrar en contacte amb altres cultures més avançades que van arribar per mar: primer amb la fenícia i després amb la grega.

Restes d'un fragment de pedra amb alfabet ibèric trobat a Empúries.

Què en sabem?

Els fenicis i els grecs eren mariners i comerciants de la Mediterrània oriental que venien a vendre els seus productes i a buscar metalls. Durant les seves estades, van fundar colònies (ciutats comercials) tan importants com la d'Empúries.

La relació entre la població autòctona, els ibers, i aquests pobles colonitzadors de l'est de la Mediterrània va influenciar intensament els primers i va transformar la cultura ibèrica en molts aspectes.

Monedes i ceràmica emporitanes.

Què van aportar?

Aquests pobles mediterranis van activar i dinamitzar el comerç de productes com la ceràmica feta amb torn, els objectes de vidre o els perfums. També van fer habitual l'ús de la moneda i van introduir productes agrícoles bàsics, com el vi i l'oli, la indústria de la salaó i la metal·lúrgia del ferro.

Com a bons navegants, fenicis i grecs van donar a conèixer com orientar-se a partir de l'Estel Polar.

A més, van aportar noves creences religioses i noves divinitats, de les quals s'han trobat escultures com la de la deessa Tanit, a Santa Coloma de Gramenet (Barcelonès), o la del déu Hermes, a Empúries (Alt Empordà).

Bust de marbre del déu Hermes.

> Amb les colonitzacions fenícia i grega van arribar a la península Ibèrica importants avenços tecnològics i culturals.

12 Imagineu que viviu en un poblat iber i heu entrat en contacte amb uns comerciants grecs. Com descriuríeu la trobada? Quines conseqüències tindria la visita d'aquests comerciants?

Q Pàgina 71

Observem l'expansió dels romans per la Mediterrània

Els romans eren un poble de la península Itàlica que va conquerir tota la Mediterrània i que va crear un gran imperi.

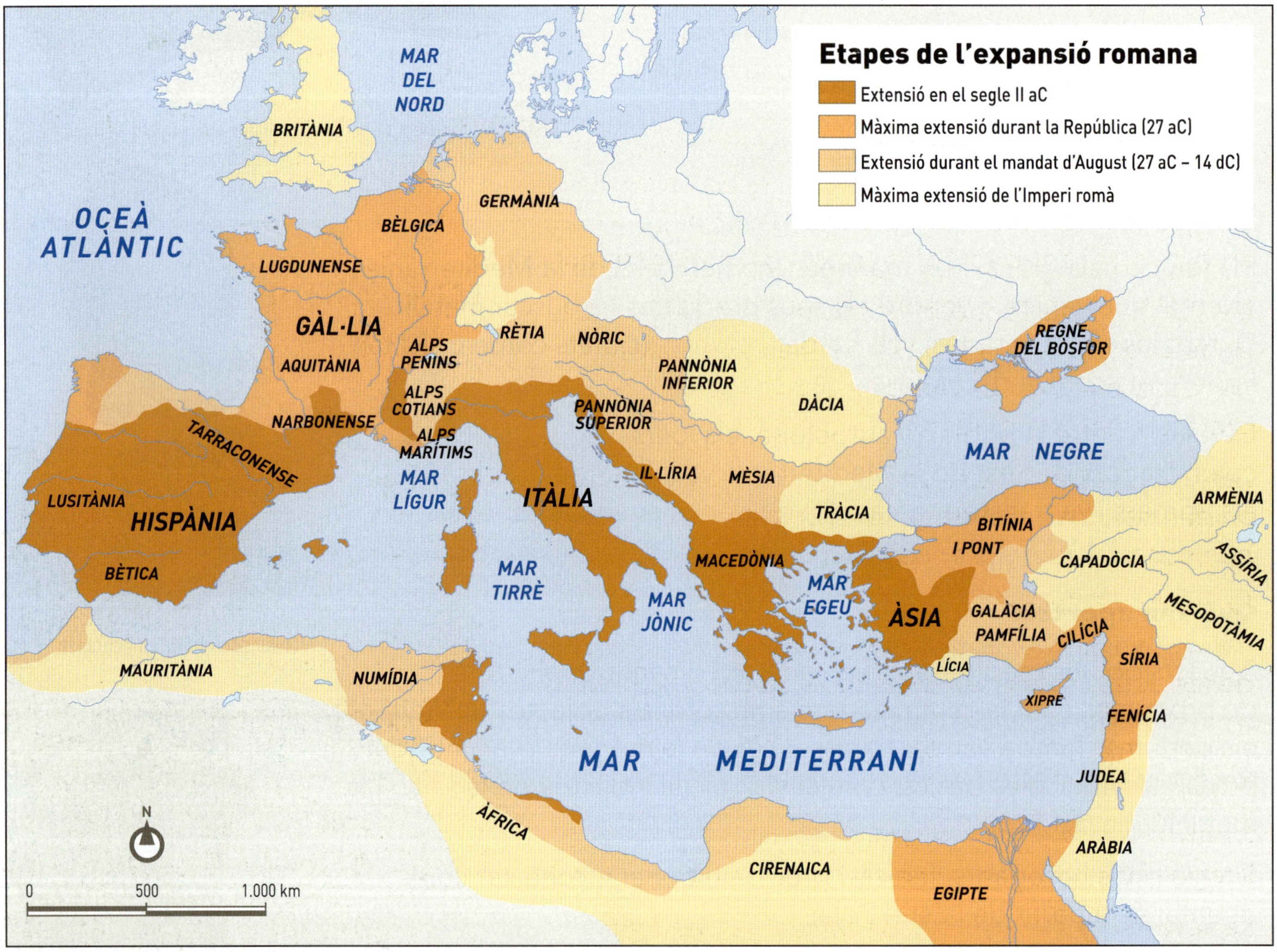

13 Observeu el mapa i contesteu les preguntes següents:

a) Quant de temps van tardar els romans a expandir-se? Enumereu les zones que van entrar en cada etapa de l'expansió romana.
b) Penseu que era un poble pacífic o un poble guerrer? Per què?
c) Quina forma de govern és un imperi?
d) Quins problemes creieu que devia comportar governar un territori tan gran?
e) Cerqueu en un mapa el nom dels estats actuals que ocupen el territori que dominava l'Imperi romà. Feu-ne una llista.
f) Quin nom van donar al territori on actualment hi ha Catalunya?
g) Investigueu els noms de les ciutats principals de l'Imperi romà.

La colonització romana

L'any 218 aC, els romans van arribar a Empúries i en poc temps van conquerir tota la península Ibèrica. Començava la romanització.

Què en sabem?

L'economia romana estava basada en el treball dels esclaus i en la recollida d'impostos de les províncies conquerides per mantenir la ciutat de Roma, així com en el comerç entre totes les ciutats de la Mediterrània.

L'agricultura era l'activitat econòmica més important. Hi havia grans explotacions agrícoles conreades per esclaus. Els productes com el blat, l'oli o el vi s'intercanviaven per tot el territori romà.

Les ciutats eren centres comercials i artesans. Estaven unides per una xarxa de carreteres, les calçades, molt ben construïdes i vigilades per soldats.

La capital de l'Imperi era Roma. L'actual Tarragona, Tàrraco era la capital de la província Tarraconense i una de les ciutats més importants de la península Ibèrica.

Què van aportar?

La romanització va ser el procés d'implantació de la llengua i de la cultura romanes arreu de l'Imperi romà.

La seva llengua era el llatí, de la qual van derivar llengües com el català i el castellà. Moltes lleis, costums i, fins i tot, la xarxa de carreteres dels romans han perdurat fins a l'actualitat.

Pel que fa a la religió, l'aportació principal dels romans va ser la introducció del cristianisme.

Columnes romanes del temple dedicat a l'emperador August a Barcelona.

Amfiteatre romà a Tarragona.

Aqüeducte romà a Tarragona.

Els romans van crear un gran imperi al voltant de la Mediterrània. Hi van construir ciutats i calçades, i hi imposaren la llengua i la cultura.

14 Esbrineu si hi ha restes romanes a la vostra localitat o la vostra comarca. Enumereu-les.

Pàgina 72

Per saber-ne més

L'EDAT MITJANA I

Observem un feu

Les poblacions medievals es formaven prop d'un castell o d'un monestir, perquè, en cas d'atac enemic, els pagesos anaven a refugiar-se dins d'aquestes construccions i, en temps de pau, treballaven les terres del senyor del castell o dels monjos del monestir.

15 Observeu la imatge i comenteu tota la informació que ens proporciona sobre la vida a l'edat mitjana.

El domini dels senyors i la religió

L'edat mitjana va ser una època d'invasions i d'inseguretat. La població demanava protecció a un noble a canvi de servir-lo tota la vida. Així aparegué el feudalisme, que va suposar una nova organització social basada en el domini dels senyors sobre els vassalls.

La societat feudal

La població estava dividida en tres estaments, amb drets i obligacions diferents:

- La noblesa, formada pels guerrers i les seves famílies, jurava fidelitat al rei i es comprometia a defensar-ne els territoris, a canvi, el rei els concedia terres (feus). Així es convertien en senyors feudals. El rei era la màxima autoritat, però el seu poder depenia de l'obediència dels nobles.
- El clergat, format per monjos, es dedicava a l'oració i a la lectura. Els monjos, que eren de les poques persones de l'època que sabien llegir i escriure, vivien en comunitat als monestirs, governats per l'abat. Els monestirs posseïen moltes terres i eren grans centres de cultura. Hi havia monestirs d'homes, com el de Ripoll, i de dones, com el de Sant Joan de les Abadesses.
- El poble, format majoritàriament per pagesos, conreava les terres dels nobles o dels monestirs. Alguns pagesos eren lliures, altres no (serfs), però tots havien de donar una part de la collita al senyor, a canvi de protecció, i una altra part a l'Església, a canvi de pregària. Vivien en masos situats prop del castell o del monestir

De vegades, els pagesos fugien a les ciutats, on esdevenien artesans lliures o mercaders que es dedicaven al comerç.

> El feudalisme fou la forma d'organització de la societat durant l'edat mitjana. Era una organització estamental: formada per la noblesa, el clergat i el poble.

16 Descriviu quina funció tenia a la societat de l'edat mitjana cada un dels grups que la formaven.

Q Pàgina 73

L'EDAT MiTJANA II

Observem un mapa històric

Els mapes històrics indiquen com s'organitzava un territori en el passat. Per exemple, els límits dels antics comtats, regnes, imperis, etc. Observeu els mapes de la península Ibèrica i del territori català al segle X.

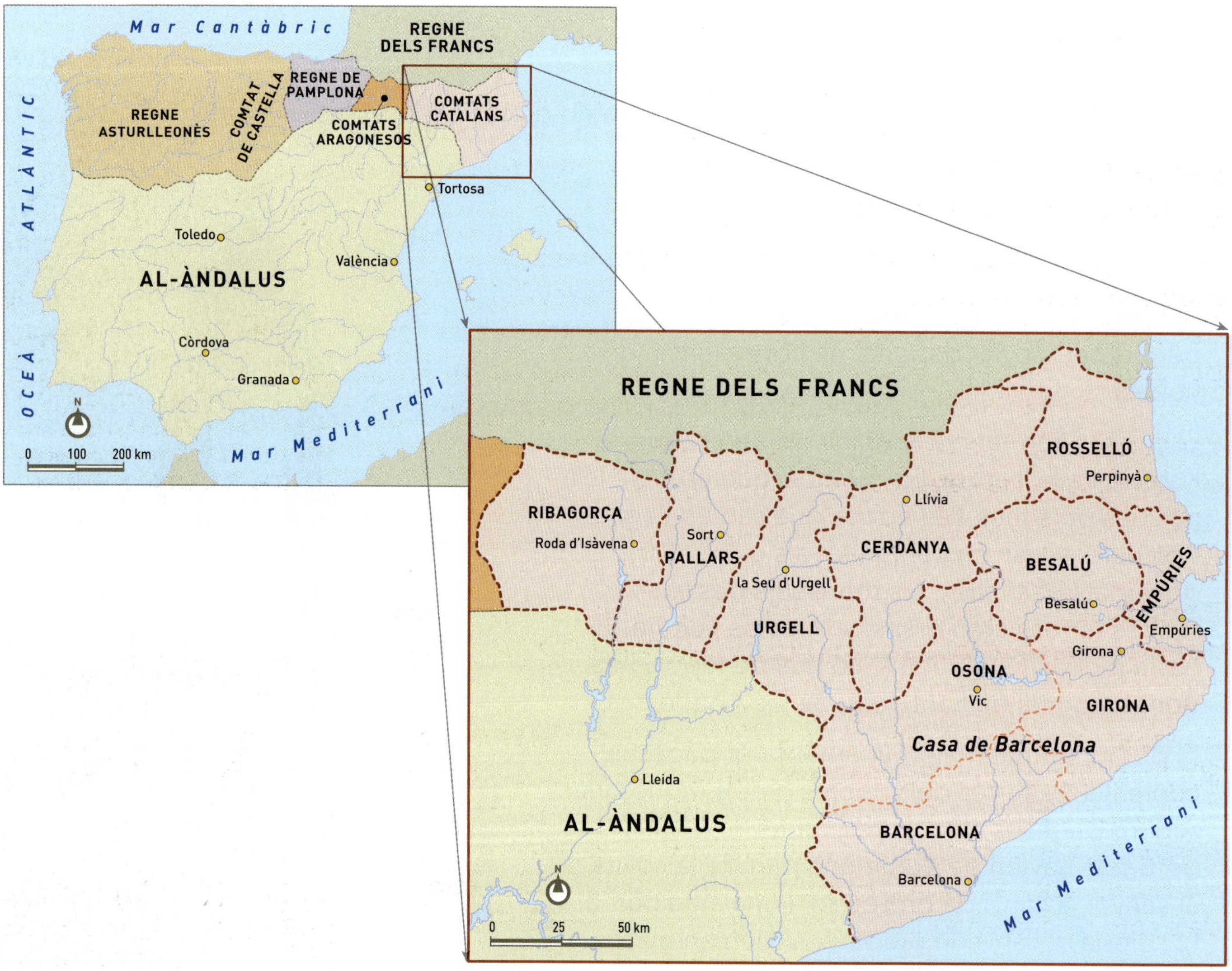

17 Contesteu:

a) Com s'anomena el territori de la península Ibèrica que no és ni un regne ni un comtat? Ocupava part del territori català? Qui ocupava aquest territori?

b) Quants regnes i comtats independents existien al nord del territori ocupat? Quins us recorden a territoris actuals de l'Estat espanyol?

c) Quants comtats hi havia a la part no ocupada del territori català? Quines comarques actuals d'aquests comtats?

d) Hi havia algun comtat en el territori actual de França? Quin regne hi havia en aquest territori?

La formació del regnes i comtats independents

A partir del segle III dC diversos pobles del nord i de l'est d'Europa van aprofitar la debilitat de l'Imperi romà per envair-lo i conquerir-ne una bona part del territori. La desaparició d'aquest imperi marca el pas de l'edat antiga a l'**edat mitjana**, el segon període de la **història**.

El regne dels visigots i la invasió dels musulmans

La península Ibèrica va ser ocupada a mitjan segle V pels **visigots**, els quals hi fundaren un regne que va unificar la major part del territori de l'Hispània romana sota unes mateixes lleis i una mateixa religió, el cristianisme.

Els **musulmans**, seguidors de l'islam, una religió nascuda a Aràbia al segle VII, creuaren l'estret de Gibraltar l'any 711 i derrotaren l'exèrcit dels visigots. Tot seguit s'estengueren per la major part de la península, territori que van anomenar **al-Àndalus**, i fins i tot van travessar els Pirineus per atacar els francs, el poble que controlava el que avui és França. Els francs els van vèncer a la batalla de Poitiers l'any 732.

Peça de seda hispanoàrab coneguda com Pal·li o Drap "de les Bruixes" procedent del monestir de Sant Joan de les Abadesses.

La formació dels regnes cristians i els orígens de Catalunya

Entre els segles VIII i X els habitants del nord de la península, que no havia estat ocupat pels musulmans, van anar creant **regnes i comtats** independents.

Els francs conqueriren Girona l'any 785 i ocuparen Barcelona el 801, i van establir una frontera amb els musulmans que arribava fins als rius Llobregat, Cardener i Segre mitjà. Aquesta zona fronterera, plena de castells defensius, es va anomenar **Marca Hispànica**. Estava dividida en comtats, territoris sota el control dels comtes nomenats pel rei franc, al qual juraven fidelitat.

A final del segle X, el comte de Barcelona **Borrell II** va trencar el jurament de fidelitat perquè no va rebre l'ajut del rei franc en un atac dels musulmans. D'aquesta manera, els comtats catalans van ser totalment independents del rei franc i així va néixer Catalunya.

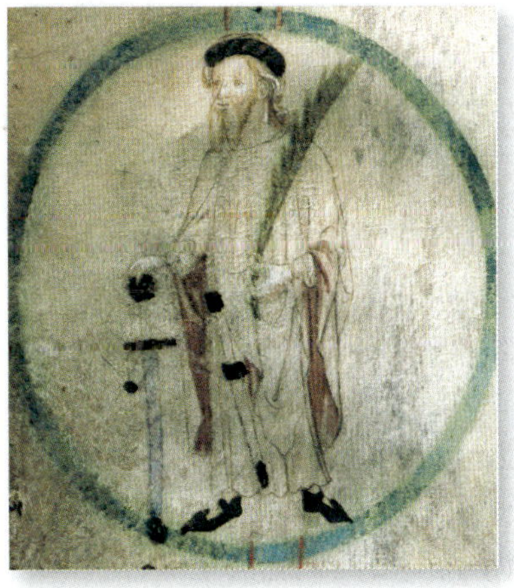

Representació sobre pergamí del comte de Barcelona Borrell II.

> A la península Ibèrica arribaren, primer els **visigots** i després els **musulmans**. Més tard van anar apareixent **regnes i comtats** independents.

18 Busqueu informació sobre al-Àndalus: com era la societat andalusí i quina és l'herència andalusina que ha quedat a Catalunya.

Per saber-ne més

Comentem una pintura

Les restes materials ens aporten molta informació del període històric al qual pertanyen. Les expressions artístiques com la pintura ens ajuden a interpretar com era la societat que les va crear. Comentarem dues pintures medievals per saber com era la vida en aquella època.

Necessitem:

- Dues imatges de pintures de l'edat mitjana.

El pantocràtor ("que tot ho governa") de l'absis central de Sant Climent de Taüll és una de les pintures romàniques més importants d'Europa.

Detall d'un Tapís de la Creació, de la catedral de Girona, que representa una escena agrícola.

Passos a seguir:

1. Anomenem el títol de l'obra i l'autor, si el sabem, i fem una descripció general del que hi veiem.
2. Observem com està pintada: sobre quin suport, amb quin material i amb quina tècnica.
3. Comentem si la forma i el color són realistes, si les figures estan proporcionades, si hi ha molts detalls...
4. Expliquem la temàtica: religiosa, paisatgística, retrat, escena de la vida quotidiana..., i què representa.
5. Comentem a quin període pensem que pertany i quina informació ens dóna de la societat que la va crear.

W Taller d'experimentació

19 Feu un fitxa sobre les dues pintures de la pàgina anterior. Ha d'incloure: presentació de l'obra, material i tècnica, forma, tema i interpretació. Incorporeu-hi les dues imatges.

FEM UN MÓN MILLOR

Valorem el patrimoni de Catalunya

El patrimoni cultural i històric ens permet entendre com es vivia i com era la societat en el passat. També ens ajuda a comprendre com aquella societat es va transformar fins a arribar a la societat actual en la qual vivim. Per això és important valorar-lo, per la riquesa cultural que ens aporta, i ajudar a preservar-lo per a les generacions futures.

La UNESCO és una organització creada per les Nacions Unides el 1946 que s'encarrega de preservar el patrimoni cultural i històric a nivell internacional.

L'església romànica de Sant Climent de Taüll està considerada patrimoni de la humanitat per la UNESCO.

El patrimoni cultural i històric s'ha de valorar i preservar perquè mostra la riquesa cultural d'un país i com era la societat en el passat.

20 En una taula com la següent, feu un recull de diferents exemples del patrimoni cultural i històric de Catalunya.

	Obres materials	Obres no materials
Arquitectura	Restes arqueològiques romanes de Tarragona	
Llengua		El català, que deriva del llatí
Escriptura		
Música		
Tradicions i festes		La Patum de Berga
Art		
Religions	Monestir de Santa Maria de Poblet	

Q Pàgina 74

Elaborem una línia del temps

Ens organitzarem en grups per recollir els aspectes més rellevants del paleolític, el neolític, l'edat antiga i l'edat mitjana. Elaborarem una línia del temps amb informació i imatges de cada època i utilitzarem una tècnica de treball cooperatiu.

Tècnica cooperativa «Co-op Co-op»

1. Cada grup tria un dels quatre períodes i els seus membres discuteixen com es distribueixen la feina.
2. Individualment, cadascú treballa la seva part: resumeix la informació que ha trobat i busca imatges representatives, a fi i efecte de presentar-ho a la resta del grup.
3. Tots els membres del grup consensuen quina és la informació més adient per representar el període històric assignat.
4. Es posa en comú la feina de cada grup i, a continuació, es pengen les diferents parts de la línia del temps al lloc corresponent.

21 Elaboreu una línia del temps mural que comenci al paleolític i arribi al final de l'edat mitjana.

- Tingueu en compte que ha de ser proporcional a la durada de cada període.
- Diferencieu cada període i marqueu ben clarament la separació entre prehistòria i història.
- Il·lustreu-la amb imatges i rètols dels fets més rellevants de cada període.

22 Com ha anat el treball cooperatiu?

- Heu fet un bon repartiment de les tasques? Us heu organitzat bé? Ha estat fàcil?
- Heu estat endreçats i nets mentre treballàveu?
- Esteu satisfets del resultat? Què és el que heu fet millor? I pitjor?

Zona Clic

Català | Matemàtiques | **Ciències** | Música | Castellà

Elaborem un mapa amb Google Maps

Els mapes a la xarxa no només serveixen per localitzar o situar-se en un lloc determinat. Google Maps, ens permet localitzar i ressenyar punts d'interès històric i cultural d'un indret determinat, tant en la versió de mapa com en la de vista per satèl·lit.

1r

Fem una llista de restes arqueològiques i monuments històrics de la nostra població o comarca.

2n

Localitzem a Google Maps la nostra localitat o comarca i, a la part superior dreta, seleccionem la versió que volem: «Mapa» o «Satèl·lit».

3r

Seleccionem la icona «Trànsit» i cliquem a «Fotos» per veure les fotografies que identifica l'aplicació.

4t

Seleccionem les fotografies que volem que apareguin al mapa.

A partir de l'aplicació Google Maps, elaboreu un mapa de la vostra localitat o comarca i marqueu-hi les restes i els monuments històrics.

W Zona clic

HEM APRÈS

La nostra història (I)

comprèn

- **PREHISTÒRIA** → **APARICIÓ DE L'ESCRIPTURA** → **HISTÒRIA**

PREHISTÒRIA es divideix en:

PALEOLÍTIC – característiques
- Vida nòmada
- Coves i campaments
- Caça i recol·lecció
- Eines rudimentàries
- Descobriment del foc
- Pintures rupestres

NEOLÍTIC – característiques
- Vida sedentària
- Poblats fortificats
- Agricultura i ramaderia
- Eines més perfeccionades
- Inici de la metal·lúrgia
- Monuments funeraris

APARICIÓ DE L'ESCRIPTURA

HISTÒRIA:

EDAT ANTIGA – primeres civilitzacions

Grecs i fenicis – característiques
- Mariners i comerciants
- Fundació de colònies
- Escriptura
- Moneda
- Nous productes: oli, vi, ceràmica, ferro...
- Noves creences i divinitats

Els romans – característiques
- Conquesta i domini de la Mediterrània
- Cobrament d'impostos
- Explotacions agrícoles: esclaus
- Noves ciutats i urbanisme
- Calçades i vies
- Romanització

EDAT MITJANA – característiques
- Feudalisme
- Estaments socials: noblesa, clergat i poble
- Cristianisme
- Art romànic

23 Feu un dibuix que defineixi les paraules clau de la unitat. Després, compareu el dibuix amb els que han fet la resta de companys.

24 Prepareu una representació muda d'una escena característica d'un dels quatre períodes històrics treballats.

- Formeu grups i repartiu-vos els períodes històrics.
- Prepareu la representació durant deu minuts.
- Feu la representació davant de la resta de companys, que hauran d'endevinar a quin període històric correspon i explicar a partir de quins elements ho han deduït.

Q Pàgines 75 i 76

Mapa conceptual
Autoavaluació W

HEM APRÈS

25 Per grups, proposeu una sortida de descoberta històrica per a tota la classe que inclogui la visita a dos museus.

- Per preparar aquesta sortida heu de:
  a) Concretar l'àmbit d'estudi: local, comarcal o nacional.
  b) Decidir on anireu i esbrinar què és el més important que hi podeu visitar (museus, monuments...).
  c) Pensar com us desplaçareu, quin serà l'horari i quants diners necessitareu (entrades, transport...).
  d) Planificar l'itinerari de la visita.
  e) Preparar una fitxa amb informació de cada etapa històrica i un qüestionari per emplenar durant la visita.
  f) Escriure un full d'instruccions sobre el comportament correcte en un museu o en una visita.
- Amb tota la informació heu de redactar un informe amb els arguments per defensar la vostra proposta de sortida davant dels vostres companys.

26 Reflexioneu:

- **Abans de començar penseu...** Com us organitzareu? Què necessitareu?
- **Atureu-vos a mitja feina i penseu si...** Necessiteu fer alguna consulta? A qui li fareu? Us està quedant una proposta interessant? Què heu de millorar?
- **Valoreu com ho heu fet:** Us ha estat fàcil decidir l'àmbit d'estudi i les visites que voleu proposar? Amb quines dificultats us heu hagut d'enfrontar? Què és el que us ha agradat més de l'activitat?

PROJECTE

FEM UNA CONSTRUCCIÓ

Fer una construcció, aplicant el que heu après sobre les màquines simples i complexes us ajudarà a entendre'n millor el funcionament.

Abans haureu de planificar la feina, preparar el material i assegurar-vos que tot encaixarà bé.

Fer una construcció pot ser una feina molt engrescadora, tenint en compte que repassareu el que heu après, que resoldreu els problemes que puguin sorgir i que hi podreu jugar.

Què necessiteu

- Paper i llapis
- Capses de cartró
- Tisores
- Cinta adhesiva, goma d'enganxar
- Llapis de colors, retoladors i pintures

Com ho fareu

1r Primer de tot caldrà decidir quina construcció voleu fer. Podeu construir un castell, una casa, un garatge, una màquina d'efectes encadenats...

2n Planifiqueu la feina:

- Tenint en compte el material del qual disposeu, feu dibuixos de com serà la vostra construcció.
- A partir del dibuix, feu plànols de com han de ser les peces per separat.
- En aquests plànols heu d'indicar la mida de cada peça perquè tot encaixi quan ho munteu i ho enganxeu.
- Pareu especial atenció als mecanismes com els ascensors, portes, finestres...

3r Repartiu-vos les feines i porteu a terme el projecte:

- Retalleu les peces i comproveu que són de la mida correcta.
- Després les podeu enganxar. Quan la construcció estigui seca, la podeu pintar i fer els acabats.

La gran pregunta

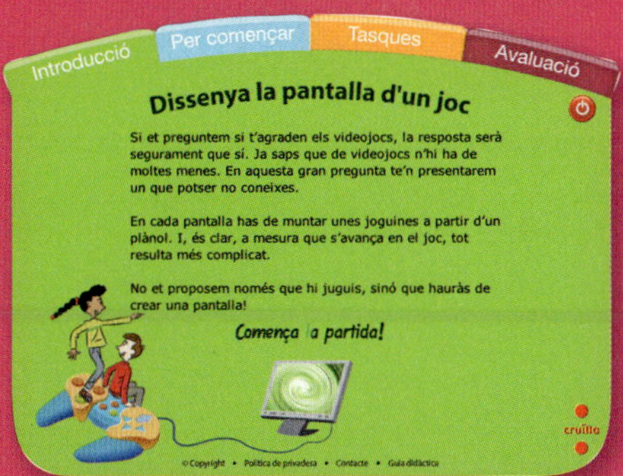

Dissenya la pantalla d'un joc

Heu fet manualment una construcció amb diferents materials. Ara, amb aquesta gran pregunta, es tracta de fer una altra construcció, però en aquest cas, virtual. Haureu de crear una pantalla per a un videojoc.

Mapa de temperatures mitjanes

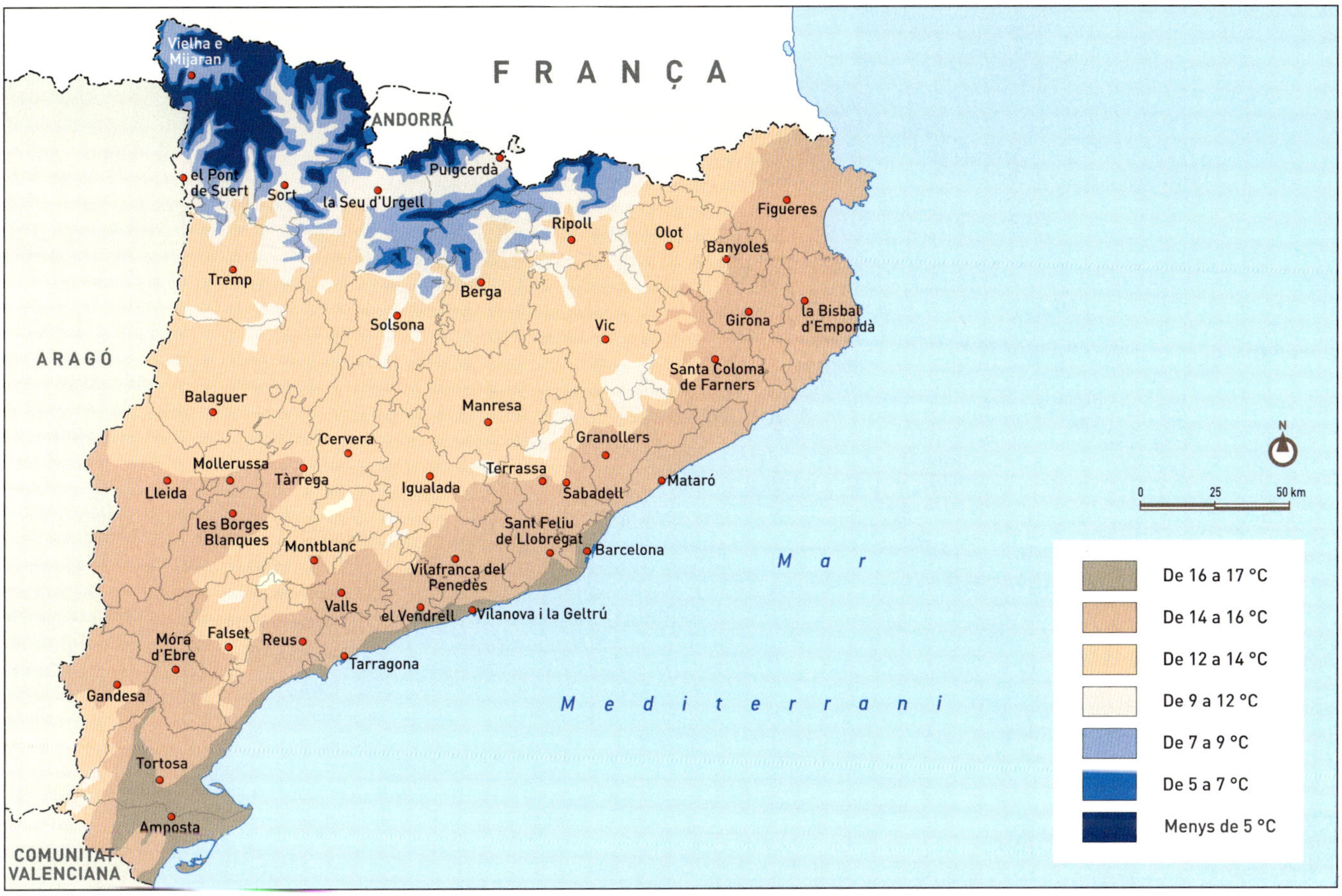

Mapa de vents

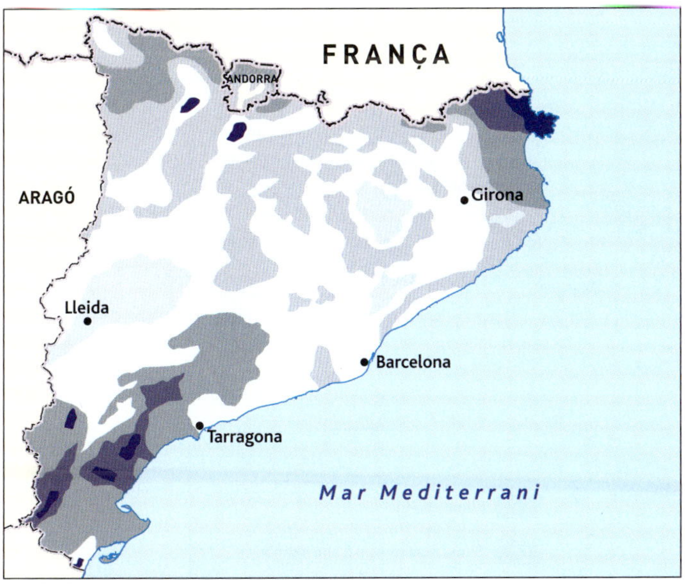

10 m/s | 6 m/s | 5 m/s | 4 m/s | 3 m/s | 2 m/s

Mapa de precipitacions

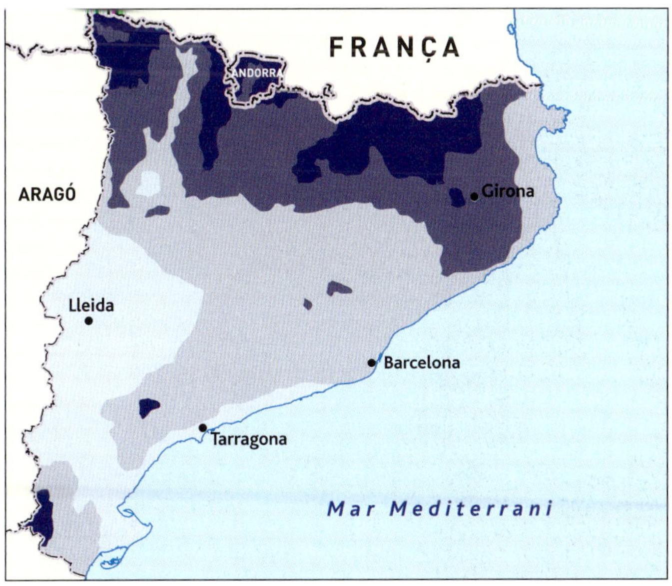

Més de 1.000 mm | De 700 a 1.000 mm | De 500 a 700 mm | Menys de 500

Mapa de les unitats de relleu

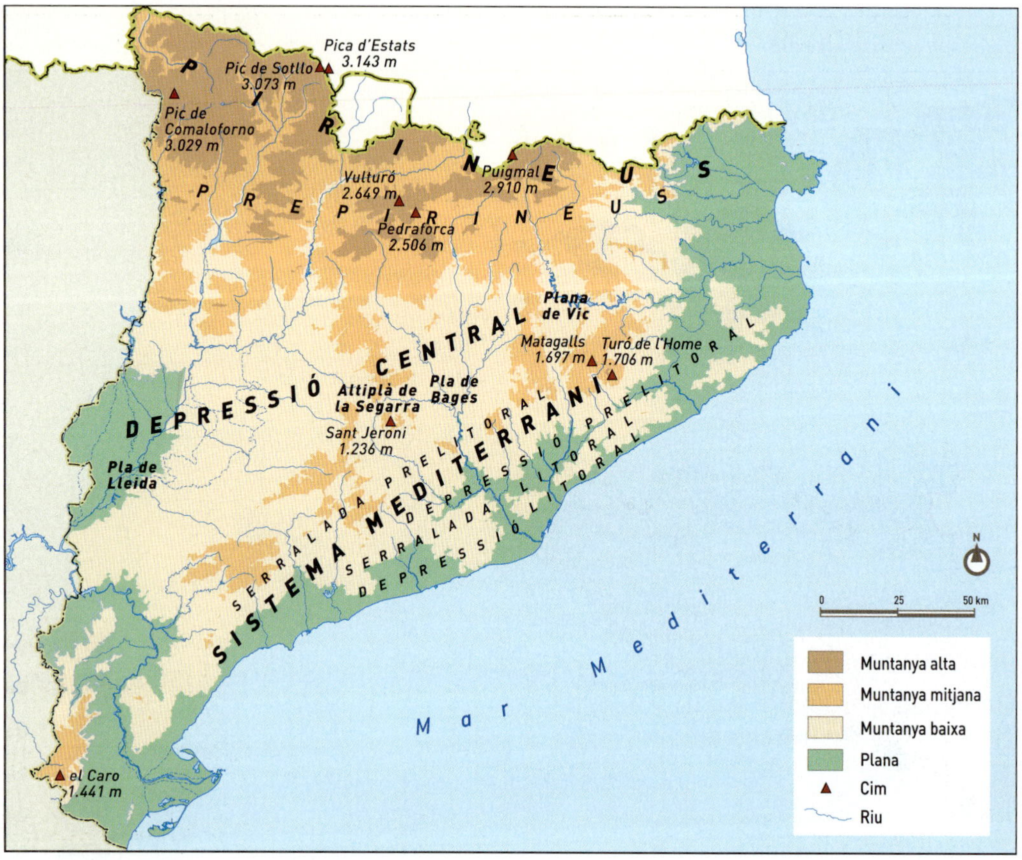

Mapa dels tipus de clima

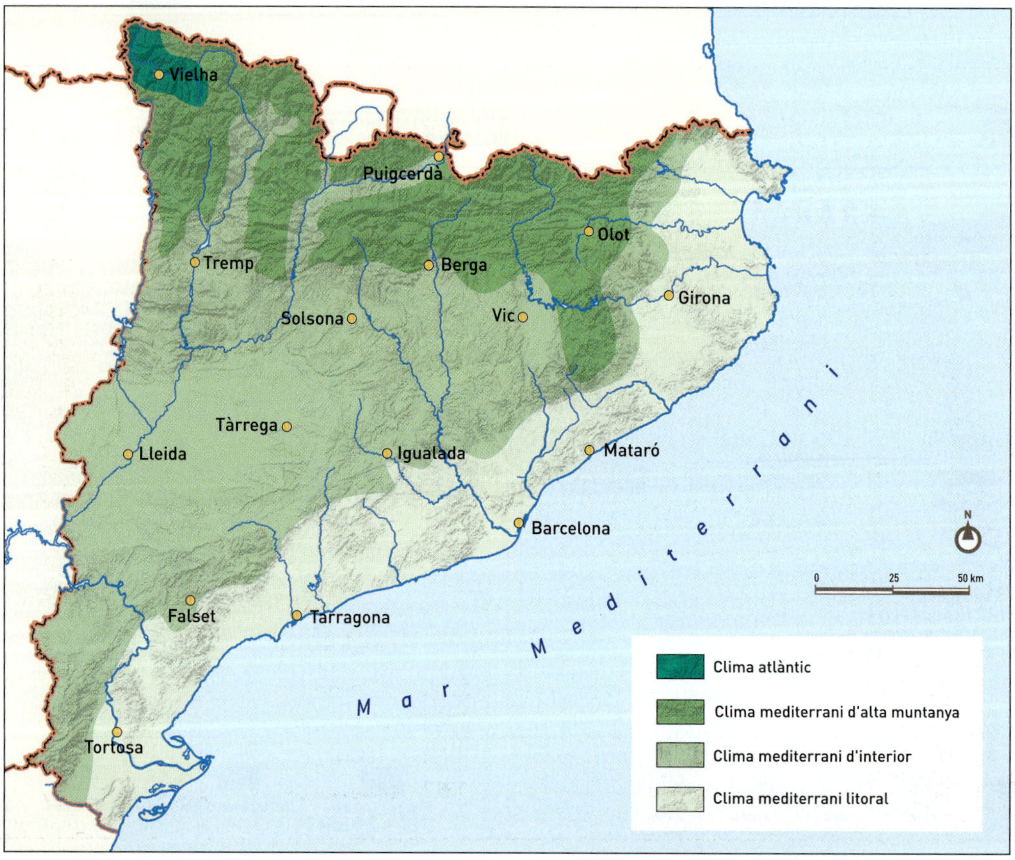

Mapa dels rius i de les xarxes hidrogràfiques

Mapa dels tipus de vegetació

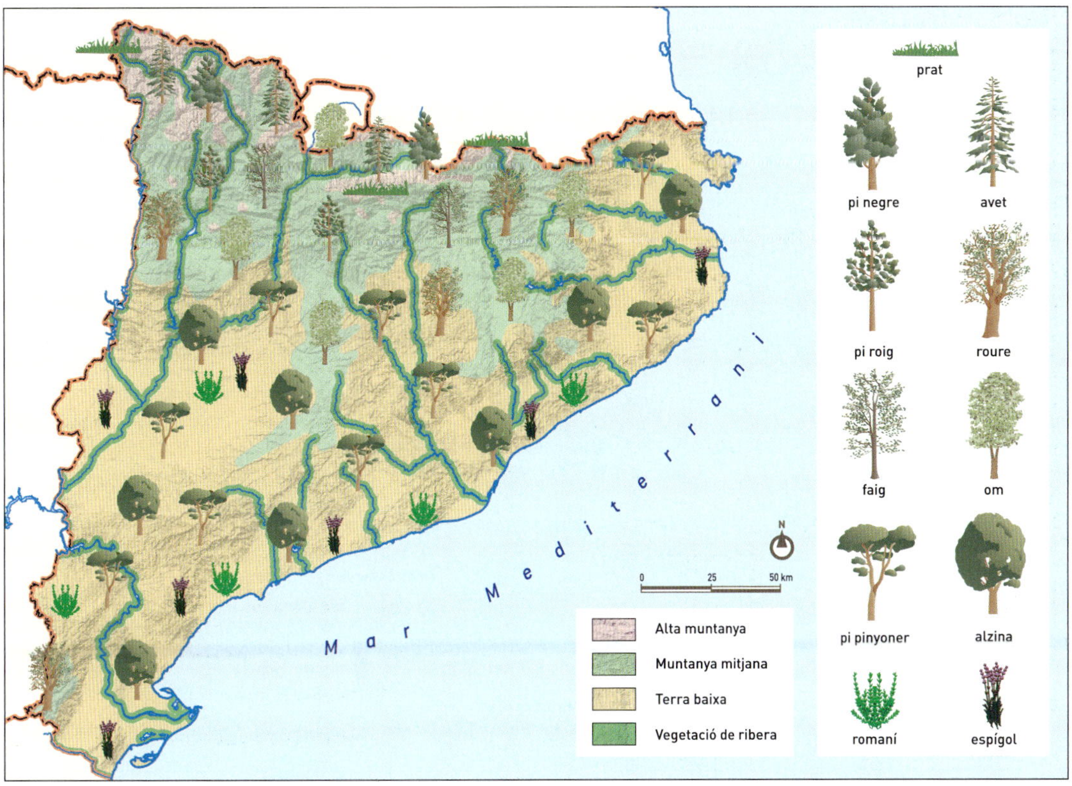

Mapa d'activitats del sector primari

Mapa d'activitats del sector secundari

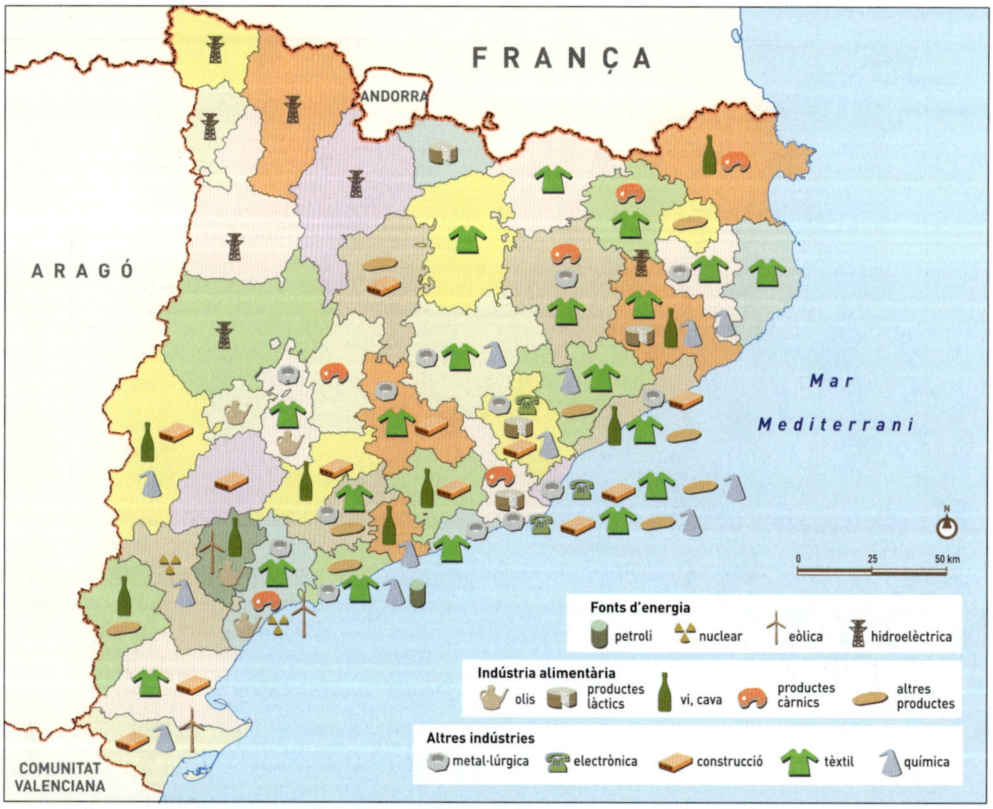

Mapa de les marques turístiques

Mapa polític

Aparell reproductor masculí

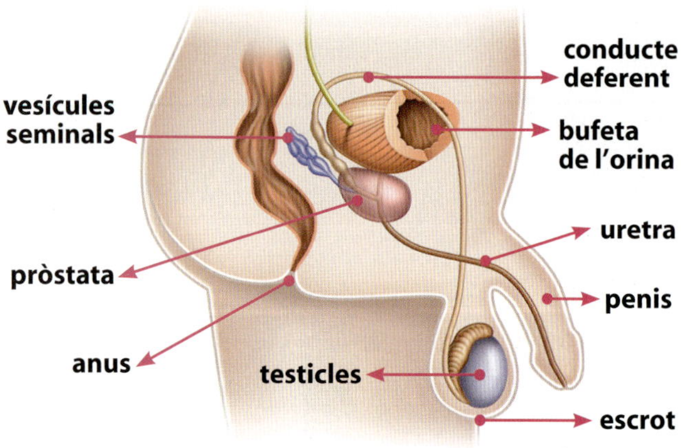

Esquema de l'aparell reproductor masculí.

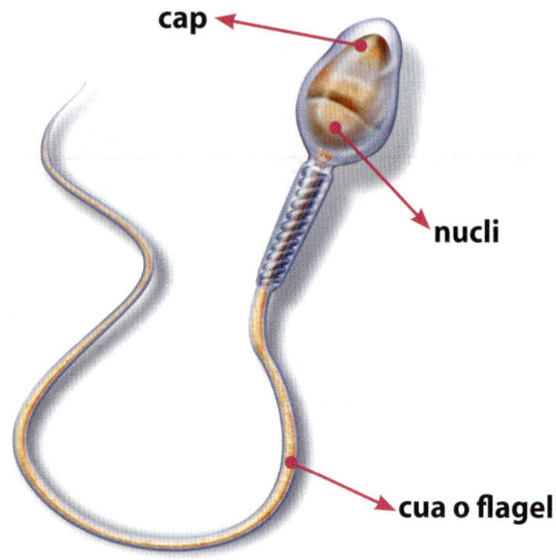

Esquema d'un espermatozoide.

Aparell reproductor femení

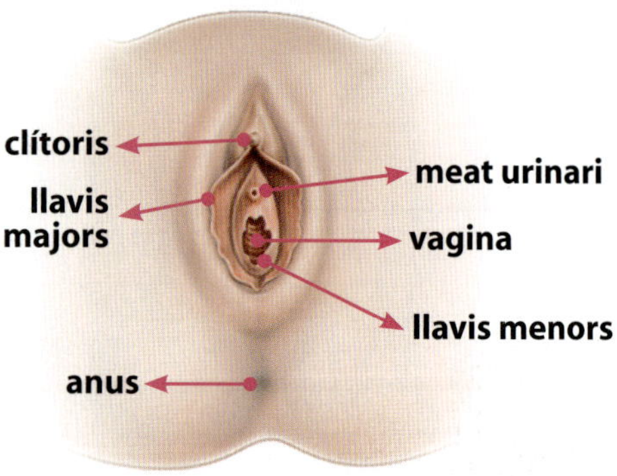

Esquema de l'aparell reproductor femení extern.

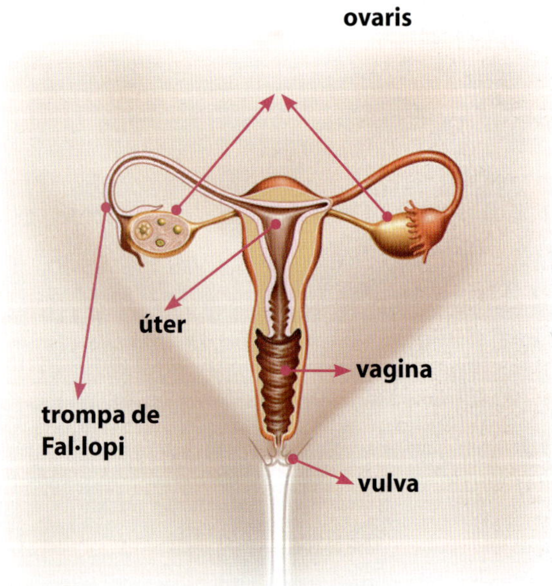

Esquema de l'aparell reproductor femení intern.

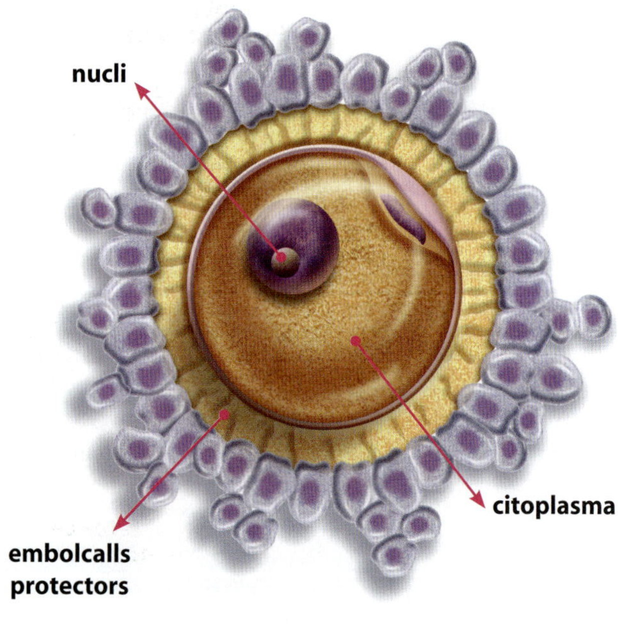

Esquema d'un òvul.

Esquema de la fecundació

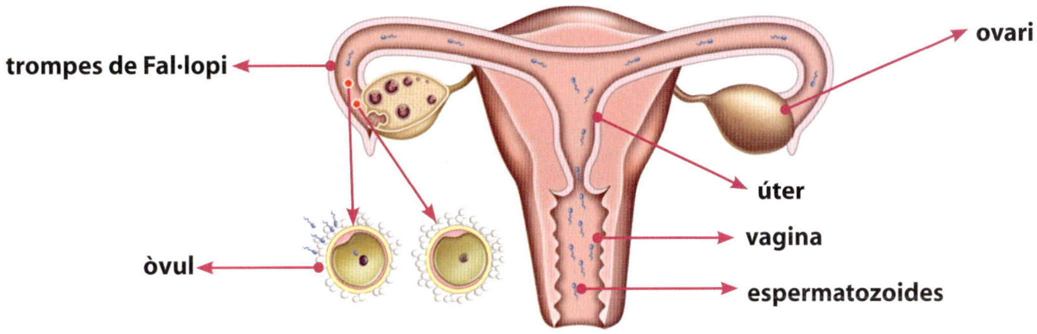

Esquema del procés natural de la fecundació.

Esquema de la gestació

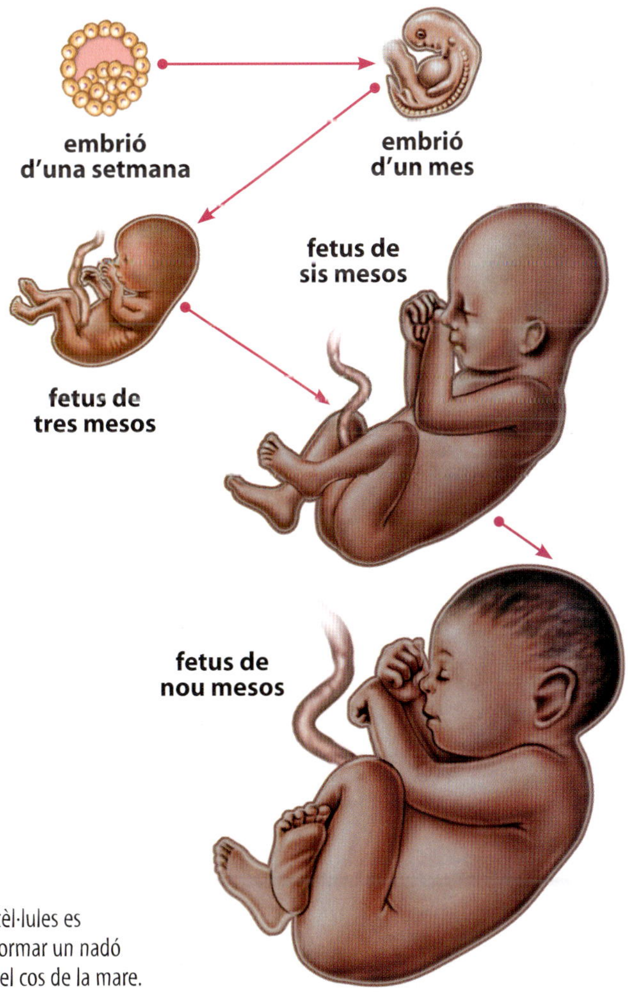

Durant 9 mesos, les cèl·lules es reprodueixen fins a formar un nadó capaç de viure fora del cos de la mare.

PROGRAMACIÓ

	Unitat 1	Unitat 2	Unitat 3
CONTINGUTS	**L'entorn i la seva conservació** Lectura i interpretació de dades del temps atmosfèric en diferents representacions. Utilització i interpretació de diferents representacions cartogràfiques. **Iniciació a l'activitat científica** Realització d'un treball d'investigació a partir del plantejament de qüestions i problemes rellevants de l'entorn, mitjançant el treball cooperatiu i a partir de l'experimentació i l'ús de diferents fonts d'informació. Argumentació oral i escrita de les propostes de solució del treball d'investigació. Cerca i contrast d'informació en diferents suports. Planificació d'experiències per comprovar propietats dels materials i el seu comportament.	**Iniciació a l'activitat científica** Realització d'un treball d'investigació a partir del plantejament de qüestions i problemes rellevants de l'entorn, mitjançant el treball cooperatiu i a partir de l'experimentació i l'ús de diferents fonts d'informació. Argumentació oral i escrita de les propostes de solució del treball d'investigació. Cerca i contrast d'informació en diferents suports. **El món dels éssers vius** Relació entre funcions vitals i estructura d'alguns animals, plantes i fongs. Criteris per a l'observació científica d'éssers vius. Claus i guies per a la classificació d'organismes. Observació i descripció d'alguns éssers vius i la seva interacció amb el medi.	**L'entorn i la seva conservació** Identificació de la relació entre clima, vegetació i relleu. Lectura i interpretació de dades del temps atmosfèric en diferents representacions. Utilització i interpretació de diferents representacions cartogràfiques. Identificació i localització de les principals unitats de relleu i la hidrografia de Catalunya, Espanya i el món. Valoració d'actuacions que contribueixen a la protecció del medi.
Taller d'experimentació	Construïm un baròmetre per poder preveure el temps.	Esbrinem com són els peixos per dins i per fora.	Elaborem un climograma.
Fem un món millor	Reduïm la contaminació atmosfèrica.	Siguem responsables i respectem els animals.	Siguem conscients que l'aigua és un bé escàs.
Espai cooperatiu	Elaborem un informe meteorològic. Tècnica cooperativa «Grups d'investigació».	Coneguem a fons els animals. Tècnica cooperativa «Pensar, comparar, compartir».	Interpretem mapes a partir de la llegenda. Tècnica cooperativa «1,2,4».
Zona clic	Entenguem les previsions meteorològiques.	Cerquem informació específica a Internet.	Observem i analitzem un vídeo a YouTube.
Hem après	Planifiquem una acampada d'acord amb la previsió del temps.	Argumentem sobre la reintroducció de l'ós bru.	Elaborem una maqueta del relleu de Catalunya.
Projecte trimestral	Imaginem-nos Catalunya d'aquí 50 anys.		

PROGRAMACIÓ

	Unitat 4	Unitat 5	Unitat 6
CONTINGUTS	**Iniciació a l'activitat científica** Realització d'un treball d'investigació a partir del plantejament de qüestions i problemes rellevants de l'entorn, mitjançant el treball cooperatiu i a partir de l'experimentació i l'ús de diferents fonts d'informació. Argumentació oral i escrita de les propostes de solució del treball d'investigació. Cerca i contrast d'informació en diferents suports. Planificació d'experiències per comprovar propietats dels materials i el seu comportament. **El món dels éssers vius** Relació entre funcions vitals i estructura d'alguns animals, plantes i fongs. Criteris per a l'observació científica d'éssers vius. Claus i guies per a la classificació d'organismes. Observació i descripció d'alguns éssers vius i la seva interacció amb el medi.	**L'entorn i la seva conservació** Utilització i interpretació de diferents representacions cartogràfiques. Identificació i localització de les principals unitats de relleu i la hidrografia de Catalunya, Espanya i el món. **Persones, cultures i societats** Participació activa a l'escola com a aprenentatge per a la vida en democràcia. Reconeixement de la diversitat d'opinions. Valoració de la necessitat d'un compromís per a la resolució de problemàtiques socials. Observació, identificació i descripció d'alguns trets demogràfics, econòmics i culturals de la societat catalana i espanyola. Activitats econòmiques del territori i sectors de producció. Tipus d'empresa i la seva organització. Valoració de la influència de les vies de comunicació i transport en el desenvolupament de l'economia del territori. Valoració de la viabilitat d'una idea emprenedora per mitjà del treball cooperatiu i utilitzant diferents fonts d'informació. Consum responsable i valoració de l'ús del diner.	**Iniciació a l'activitat científica** Realització d'un treball d'investigació a partir del plantejament de qüestions i problemes rellevants de l'entorn, mitjançant el treball cooperatiu i a partir de l'experimentació i l'ús de diferents fonts d'informació. Argumentació oral i escrita de les propostes de solució del treball d'investigació. Cerca i contrast d'informació en diferents suports. Planificació d'experiències per comprovar propietats dels materials i el seu comportament. **Les persones i la salut** Canvis que comporta el creixement en el desenvolupament físic, personal i relacional. Funcions de reproducció i relació en els éssers humans i òrgans, aparells i sistemes que hi intervenen. Reconeixement de la dimensió afectiva de la sexualitat i d'algunes malalties relacionades amb la funció de reproducció. Valoració crítica dels comportaments individuals que afecten la salut dels altres i la pròpia. Expressió raonada de les valoracions pròpies i contrast amb les valoracions dels altres sobre decisions que afavoreixen un comportament responsable i saludable.
Taller d'experimentació	Investiguem com circula la saba per la tija.	Fem una enquesta i n'analitzem els resultats.	Elaborem un mural de la gestació.
Fem un món millor	Evitem la desaparició de les abelles de la mel.	Valorem el turisme responsable.	Reflexionem sobre les nostres actituds.
Espai cooperatiu	Elaborem una clau per classificar fulles. Tècnica cooperativa «Aplica'l».	Argumentem punts de vista en un debat. Tècnica cooperativa «Barrets de color».	Representem el camí dels òvuls i els espermatozoides. Tècnica cooperativa «El número».
Zona clic	Observem una fulla amb un microscopi virtual.	Elaborem una presentació digital de diapositives.	Organitzem les idees amb un mapa o esquema de bubbl.us.
Hem après	Muntem un hort a l'escola.	Muntem un negoci: una casa de colònies.	Resolem dubtes sobre la pubertat.
Projecte trimestral	Estudiem un centre comercial.		

PROGRAMACIÓ

	Unitat 7	Unitat 8	Unitat 9
CONTINGUTS	**L'entorn i la seva conservació** Utilització i interpretació de diferents representacions cartogràfiques. **Persones, cultures i societats** Participació activa a l'escola com a aprenentatge per a la vida en democràcia. Reconeixement de la diversitat d'opinions. Valoració de la necessitat d'un compromís per a la resolució de problemàtiques socials. Ús de diferents canals per a l'intercanvi d'opinions i difusió d'informacions. Organització territorial de Catalunya, Espanya i Europa. Principals institucions democràtiques i organitzacions polítiques. Valoració del paper de les administracions en la garantia dels serveis públics. Coneixement dels símbols que identifiquen Catalunya en el marc europeu. Valoració dels drets i deures ciutadans i del paper individual i col·lectiu en la construcció d'un món més just i equitatiu.	**Iniciació a l'activitat científica** Realització d'un treball d'investigació a partir del plantejament de qüestions i problemes rellevants de l'entorn, mitjançant el treball cooperatiu i a partir de l'experimentació i l'ús de diferents fonts d'informació. Argumentació oral i escrita de les propostes de solució del treball d'investigació. Cerca i contrast d'informació en diferents suports. Planificació d'experiències per comprovar propietats dels materials i el seu comportament. **Matèria i energia** Anàlisi dels efectes d'una força o diferents forces sobre un objecte. Aplicació a l'estudi de màquines simples que s'utilitzen habitualment a l'escola o a casa. Fonts d'energia més utilitzades en la societat. **Entorn, tecnologia i societat** Valoració de l'impacte del desenvolupament tecnològic en les condicions de vida i en el treball. Avenços, productes i materials que intervenen en el progrés de la societat.	**Canvis i continuïtats en el temps** Ús de representacions gràfiques per situar fets i etapes d'evolució històrica. Ús de diferents fonts històriques per contrastar informacions sobre un mateix esdeveniment i obtenir elements per explicar les accions humanes. Valoració de la pròpia història personal i col·lectiva per a la comprensió del passat i del present i la construcció del futur. Caracterització de les formes de vida prehistòriques a partir de l'anàlisi de les restes trobades. Fets bàsics de la romanització a la Península Ibèrica a partir de les restes arqueològiques i documentals. Anàlisi de l'estructura social, política i econòmica de l'edat mitjana als regnes de la península Ibèrica.
Taller d'experimentació	Comparem dades entre països.	Comprovem el funcionament de la palanca de primer gènere	Comentem una pintura.
Fem un món millor	Respectem el resultat d'una votació democràtica.	Desplacem-nos amb seguretat.	Valorem el patrimoni de Catalunya.
Espai cooperatiu	Investiguem les tradicions i els símbols de Catalunya. Tècnica cooperativa «El trencaclosques».	Construïm una màquina. Tècnica cooperativa «Pla de Treball Personalitzat».	Elaborem una línia del temps. Tècnica cooperativa «Co-op Co-op».
Zona clic	Fem un mini unitat didàctica (MUD) sobre el Govern de Catalunya.	Fem una filmació amb càmera de vídeo.	Elaborem un mapa amb Google Maps.
Hem après	Muntem una exposició sobre Catalunya.	Analitzem com funciona un pont llevadís.	Planifiquem una sortida de descoberta històrica.
Projecte trimestral	Fem una construcció		

Direcció del projecte: Oriol Magrinyà
Coordinació del projecte: Montserrat Nicolau
Coordinació tècnica i de disseny: Josep Rosell
Edició del projecte: Eduard Costa
Edició: Editec, Marta Soria

Assessorament pedagògic: Núria Alba Romà
Autoria: Enric Custodio Fitó, Ferran Medina Restoy

Il·lustració: Dani Jiménez, Tomeu Seguí i Tenllado Studio
Il·lustració de la coberta: Anna Llenas
Disseny de la coberta: Anna Llenas
Disseny d'interiors i pictogrames: Teresa Omedes

Col·laboracions:
Per a la correcció: Elvira Navarro i Mar Castellví
Per a l'edició gràfica: Editec, Verónica Matilla i Marta Soria
Per a la maquetació: Editec, Fotoletra, Antonio Fabregues i Teresa Omedes
Per a la infografia i cartografia: Planning Press
Per a la fotografia: Juan Baraja, Javier Calbet, Sergio Cuesta, José Manuel Navia, Sonsoles Prada, María Pía Hidalgo, Fidel Puerta /Archivo SM; Paco Thies; Montse Fontich; Pedro Carrión Juárez; J. Casanova; Dani Igea; Alberich Fotografs; Conrad Fargas/Arxiu Comarcal del Pla de l'Estany; Bojan Tezak/iSTOCKPHOTO; Álvaro Leiva/AGE FOTOSTOCK; GEOSTOCK, STOCKTREK/PHOTODISC; ABLESTOCK/KEYSTONE; CORBIS/CORDON PRESS; FIRO FOTO; SPAINPHOTOSTOCK; LATINSTOCK; DIGITAL VISION; PHOVOIR; SPACEPHOTOS; INGIMAGE; THINKSTOCK; 123RF; SHUTTERSTOCK; GETTY IMAGES; NASA; SIEDE PREIS/PHOTODISC; EFE; FOTOTECA 9x12; INDEX; PRISMA; THINKSTOCK; IMAGE SOURCE; 123RF; SHUTTERSTOCK; GETTY IMAGES; AGE FOTOSTOCK; ALBUM; Escola de Ventalló; Ajuntament de Ripollés - CIP Molí den Rata (Patronat de Cultura); Ciutadella Ibérica de Calafell; Generalitat de Catalunya; Museo Arqueológico Nacional.

Primera edició

ISBN: 978-84-661-3579-5

Dipòsit legal: M-11300-2014
Imprès a la UE / *Printed in EU*